ENVIRONMENTAL ENGINEERING DICTIONARY OF TECHNICAL TERMS AND PHRASES

ENVIRONMENTAL ENGINEERING DICTIONARY OF TECHNICAL TERMS AND PHRASES

ENGLISH TO VIETNAMESE AND VIETNAMESE TO ENGLISH

FRANCIS J. HOPCROFT
AND MINH N. NGUYEN

MOMENTUM PRESS, LLC, NEW YORK

Environmental Engineering Dictionary of Technical Terms and Phrases: English to Vietnamese and Vietnamese to English

Copyright © Momentum Press®, LLC, 2017.

First published by Momentum Press®, LLC
222 East 46th Street, New York, NY 10017
www.momentumpress.net

ISBN-13: 978-1-94561-250-3 (print)
ISBN-13: 978-1-94561-251-0 (e-book)

Momentum Press Environmental Engineering Collection

Collection ISSN: 2375-3625 (print)
Collection ISSN: 2375-3633 (electronic)

Cover and interior design by Exeter Premedia Services Private Ltd., Chennai, India

10 9 8 7 6 5 4 3 2 1

Printed in the United States of America

ABSTRACT

This reference manual provides a list of approximately 300 technical terms and phrases common to Environmental Engineering which non-English speakers often find difficult to understand in English. The manual provides the terms and phrases in alphabetical order, followed by a concise English definition, then a translation of the term in Vietnamese and, finally, an interpretation or translation of the term or phrase in Vietnamese. Following the Vietnamese translations section, the columns are reversed and reordered alphabetically in Vietnamese with the English term and translation following the Vietnamese term or phrase. The objective is to provide a Technical Term Reference manual for non-English speaking students and engineers who are familiar with Vietnamese, but uncomfortable with English, and to provide a similar reference for English speaking students and engineers working in an area of the world where the Vietnamese language predominates.

KEYWORDS

English to Vietnamese translator, technical term translator, translator, Vietnamese to English translator

CONTENTS

ACKNOWLEDGMENTS

The assistance with verification of the various translations provided by Andrew Bjonnes is greatly appreciated and gratefully acknowledged.

CHAPTER 1

INTRODUCTION

It is axiomatic that foreign students in any country in the world, and students who may be native to a country, but whose heritage may be from a different country, will often have difficulty understanding technical terms that are heard in the non-primary language. When English is the second language, students often are excellent communicators in English, but lack the experience of hearing the technical terms and phrases of Environmental Engineering, and therefore have difficulty keeping up with lectures and reading in English.

Similarly, when a student with English as their first language enters another country to study, the classes are often in the second language relative to the student. These English-speaking students will have the same difficulty in the second language as those students from the foreign background have with English terms and phrases.

This book is designed to provide a mechanism for the student who uses English as a second language, but who is technically competent in the Vietnamese language, and for the student who uses English as their first language and Vietnamese as their second language, to be able to understand the technical terms and phrases of Environmental Engineering in either language quickly and efficiently.

CHAPTER 2

How to Use This Book

This book is divided into two parts. Each part provides the same list of approximately 300 technical terms and phrases common to Environmental Engineering. In the first section the terms and phrases are listed alphabetically, in English, in the first (left-most) column. The definition of each term or phrase is then provided, in English, in the second column. The Third column provides a Vietnamese translation or interpretation of the English term or phrase (where direct translation is not reasonable or possible). The fourth column provides the Vietnamese definition or translation of the term or phrase.

The second part of the book reverses the four columns so that the same technical terms and phrases from the first part are alphabetized in Vietnamese in the first column, with the Vietnamese definition or interpretation in the second column. The third column then provides the English term or phrase and the fourth column provides the English definition of the term or phrase.

Any technical term or phrase listed can be found alphabetically by the English spelling in the first part or by the Vietnamese spelling in the second part. The term or phrase is thus looked up in either section for a full definition of the term, and the spelling of the term in both the languages.

CHAPTER 3

ENGLISH TO VIETNAMESE

English	English	Thuật Ngữ	Định Nghĩa
AA	Atomic Absorption Spectrophotometer; an instrument to test for specific metals in soils and liquids.	Máy hấp thụ quang phổ nguyên tử trắc quang	Thiết bị dùng để kiểm tra các nguyên tố kim loại riêng biệt trong đất và chất lỏng.
Activated Sludge	A process for treating sewage and industrial wastewaters using air and a biological floc composed of bacteria and protozoa.	Bùn hoạt tính	Quá trình xử lý nước thải sinh hoạt và chất thải công nghiệp sử dụng không khí và sự keo tụ sinh học bao gồm vi khuẩn và động vật nguyên sinh.
Adiabatic	Relating to or denoting a process or condition in which heat does not enter or leave the system concerned during a period of study.	Đoạn nhiệt	Liên quan đến quá trình (hoặc điều kiện) mà theo đó, nhiệt lượng không thay đổi trong một khoảng thời gian nhất định.
Adiabatic Process	A thermodynamic process that occurs without transfer of heat or matter between a system and its surroundings.	Quá trình đoạn nhiệt	Quá trình nhiệt lượng diễn ra trong một khoảng thời gian nhất định và nhiệt lượng toàn phần không thay đổi.
Aerobe	A type of organism that requires Oxygen to propagate.	Vi khuẩn ưa khí	Một loại vi sinh vật cần khí Ô-xi để sinh sản.
Aerobic	Relating to, involving, or requiring free oxygen.	Ưa khí	Thuộc vào, liên quan đến sự cần khí Ô-xi tự do.

English	English	Thuật Ngữ	Định Nghĩa
Aerodynamic	Having a shape that reduces the drag from air, water or any other fluid moving past.	Khí động lực học	Có hình dạng giúp giảm sự cản trở của không khí, nước hoặc các chất lỏng trên đường di chuyển.
Aerophyte	An Epiphyte	Thực vật biểu sinh	
Aesthetics	The study of beauty and taste, and the interpretation of works of art and art movements.	Thẩm mỹ học	Ngành học chuyên về sắc đẹp, tìm hiểu nghệ thuật và các trào lưu nghệ thuật.
Agglomeration	The coming together of dissolved particles in water or wastewater into suspended particles large enough to be flocculated into settleable solids.	Sự kết tụ	Diễn ra khi các phần tử hòa tan trong nước hoặc nước thải liên kết lại với nhau tạo nên các phần tử lớn hơn, kết tủa và lắng tụ.
Air Plant	An Epiphyte	Cây không khí	Một loại thực vật biểu sinh.
Allotrope	A chemical element that can exist in two or more different forms, in the same physical state, but with different structural modifications.	Thù hình	Hiện tượng một nguyên tố tồn tại ở một số dạng đơn chất khác nhau trong cùng pha trạng thái (nghĩa là cùng rắn, lỏng hay khí).
AMO (Atlantic Multidecadal Oscillation)	An ocean current that is thought to affect the sea surface temperature of the North Atlantic Ocean based on different modes and on different multidecadal timescales.	Dao động đa thập kỉ Đại Tây Dương	Dòng biển gây tác động đến nhiệt độ bề mặt của vùng biển phía Bắc của Đại Tây Dương dựa vào các chu kì khí hậu khác nhau và với chu kì hàng chục năm.
Amount Concentration	Molarity	Nồng độ	Nồng độ Mol.
Amphoterism	When a molecule or ion can react both as an acid and as a base.	Tình trạng lưỡng tính (hóa học)	Phân tử có tính chất hóa học vừa cả của axit và bazơ.

English	English	Thuật Ngữ	Định Nghĩa
Anaerobe	A type of organism that does not require Oxygen to propagate, but can use nitrogen, sulfates, and other compounds for that purpose.	Vi Khuẩn kị khí	Một loại sinh vật không cần khí Ô-xi để sinh sản, nhưng có thể dùng khí Ni-tơ, hợp chất lưu huỳnh, và các hợp chất khác để thay thế.
Anaerobic	Related to organisms that do not require free oxygen for respiration or life. These organisms typically utilize nitrogen, iron, or some other metals for metabolism and growth.	Thuộc về vi khuẩn kị khí	Liên quan đến các loại sinh vật không cần khí Ô-xi để hô hấp và tồn tại. Những sinh vật này sử dụng khí Ni-tơ, Sắt, hoặc các nguyên tố kim loại khác để sinh dưỡng và phát triển.
Anaerobic Membrane Bioreactor	A high-rate anaerobic wastewater treatment process that uses a membrane barrier to perform the gas-liquid-solids separation and reactor biomass retention functions.	Màng lọc dùng phản ứng vi sinh	Công nghệ xử lý nước thải cấp cao bằng cách sử dụng màn lọc vi khuẩn kị khí để phân tách chất thải thành các dạng rắn - lỏng – khí.
Anion	A negatively charged ion.	Anion	Điện tích âm.
AnMBR	Anaerobic Membrane Bioreactor	AnMBR	Màng lọc dùng phản ứng vi sinh.
Anthropogenic	Caused by human activity.		Do tác động của con người.
Anthropology	The study of human life and history.	Nhân chủng học	Ngành khoa học nghiên cứu sự tồn tại và lịch sử loài người.
Anticline	A type of geologic fold that is an arch-like shape of layered rock which has its oldest layers at its core.	Nếp lồi	Một loại nếp uốn có phần đỉnh nhô lên trên và đá cổ nhất nằm ở nhân nếp uốn.
AO (Arctic Oscillations)	An index (which varies over time with no particular periodicity) of the dominant pattern of non-seasonal	Dao động vùng Bắc cực	Chỉ số (thay đổi theo thời gian, không có chu kì nhất định) mô hình áp suất mực nước biển chính - không

English	English	Thuật Ngữ	Định Nghĩa
	sea-level pressure variations north of 20N latitude, characterized by pressure anomalies of one sign in the Arctic with the opposite anomalies centered about 37–45N.		theo chu kì phía Bắc của 20 vĩ độ bắc. Được đặc trưng bởi áp suất dị thường của một điểm so với điểm dị thường đối diện nằm ở khoảng 37–45 vĩ độ bắc.
Aquifer	A unit of rock or an unconsolidated soil deposit that can yield a usable quantity of water.	Tầng ngậm nước	Lớp đá thấm nước hoặc đất xốp có thể chứa đựng một khoảng nước sử dụng được.
Autotrophic Organism	A typically microscopic plant capable of synthesizing its own food from simple organic substances.	Sinh vật tự dưỡng	Loại thực vật vi sinh tự dưỡng bằng quá trình quang hợp tạo nên các hợp chất hữu cơ đơn giản.
Bacterium(a)	A unicellular microorganism that has cell walls, but lacks organelles and an organized nucleus, including some that can cause disease.	Vi khuẩn	Nhóm sinh vật đơn bào có thành tế bào, nhân đơn giản, và thiếu đi các cơ quan tế bào - bao gồm các vi khuẩn có thể gây bệnh.
Benthic	An adjective describing sediments and soils beneath a water body where various "benthic" organisms live.	Thuộc về vùng đáy (biển, hồ)	Tính từ: Dùng để miêu tả trầm tích và vùng đất nằm dưới đáy của một vùng nước, nơi mà các sinh vật đáy sinh sống.
Biochar	Charcoal used as a soil supplement.	Than sinh học	Than chuyên dụng được sản xuất để làm màu mỡ đất.
Biofilm	Any group of microorganisms in which cells stick to each other on a surface, such as on the surface of the media in a trickling filter or the biological slime on a slow sand filter.	Màng phủ sinh học	Nhóm vi sinh vật mà trong đó, các tế bào liên kết với nhau trên một bề mặt (giống như trên bề mặt của hệ thống lọc nhỏ giọt).

English	English	Thuật Ngữ	Định Nghĩa
Biofilter	See: Trickling Filter	Màng lọc sinh học	Xem hệ thống lọc sinh học nhỏ giọt.
Biofiltration	A pollution control technique using living material to capture and biologically degrade process pollutants.	Lọc sinh học	Công nghệ xử lý ô nhiễm bằng cách sử dụng vi sinh để lọc và phân hủy chất thải.
Bioflocculation	The clumping together of fine, dispersed organic particles by the action of specific bacteria and algae, often resulting in faster and more complete settling of organic solids in wastewater.	Sự kết bông sinh học / Sự keo tụ sinh học	Vi khuẩn và tảo làm các phần tử hữu cơ kết dính với nhau và lắng đọc xuống đáy nhanh hơn và hiệu quả hơn.
Biofuel	A fuel produced through current biological processes, such as anaerobic digestion of organic matter, rather than being produced by geological processes such as fossil fuels, such as coal and petroleum.	Nhiên liệu sinh học	Khác với nhiên liệu hóa thạch (than, dầu khí), nhiên liệu sinh học được tạo ra bởi áp dụng công nghệ sinh học như là quá trình phân hủy chất hữu cơ bởi vi khuẩn kị khí.
Biomass	Organic matter derived from living, or recently living, organisms.	Nhiên liệu sinh khối	Chất hữu cơ tạo ra hoặc có nguồn gốc từ sinh vật sống.
Bioreactor	A tank, vessel, pond or lagoon in which a biological process is being performed, usually associated with water or wastewater treatment or purification.	Bể phản ứng sinh học	Bể chứa, hồ mà trong đó phản ứng sinh học xảy ra, thường thấy trong công nghệ lọc nước hoặc quá trình xử lý nước thải.
Biorecro	A proprietary process that removes CO_2 from the atmosphere and store it permanently below ground.	Bionecro	Công nghệ độc quyền loại bỏ CO_2 từ khí quyển và chôn vĩnh viễn dưới lòng đất.

English	English	Thuật Ngữ	Định Nghĩa
Black water	Sewage or other wastewater contaminated with human wastes.	Nước đen (Nước cống)	Nước thải bao gồm chất thải sinh hoạt.
BOD	Biological Oxygen Demand; a measure of the strength of organic contaminants in water.	Nhu cầu Ô-xi sinh học	Chỉ số được sử dụng để quản lý và khảo sát chất bẩn hữu cơ có trong nước.
Bog	A bog is a domed-shaped land form, higher than the surrounding landscape, and obtaining most of its water from rainfall.	Vũng lầy	Vùng đất hình vòm (thông thường cao hơn cảnh quan xung quanh với nguồn cung cấp nước chủ yếu từ nước mưa.
Breakpoint Chlorination	A method for determining the minimum concentration of chlorine needed in a water supply to overcome chemical demands so that additional chlorine will be available for disinfection of the water.	Điểm ngưng Clo	Phương pháp dùng để xác định nồng độ Clo tối thiểu cần thiết để đảm bảo lượng Clo trong nước đủ để trung hòa các hóa chất khác trong nước và đảm bảo rằng sẽ có một lượng Clo dư để khử trùng nước.
Buffering	An aqueous solution consisting of a mixture of a weak acid and its conjugate base, or a weak base and its conjugate acid. The pH of the solution changes very little when a small or moderate amount of strong acid or base is added to it and thus it is used to prevent changes in the pH of a solution. Buffer solutions are used as a means of keeping pH at a nearly constant value in a wide variety of chemical applications.	Dung dịch đệm	Dung dịch đệm là một dạng dung dịch lỏng chứa đựng trong đó một hỗn hợp axit yếu và ba-zơ liên hợp của nó hoặc ba-zơ yếu và axit liên hợp. Tính chất đặc biệt của dung dịch này là khi ta cho thêm vào một lượng chất có tính ba-zơ hay axit thì pH của dung dịch mới thay đổi rất ít so với dung dịch khi chưa có tác động. Dung dịch đệm được ứng dụng rất nhiều trong ngành thí nghiệm và trong tự nhiên để giữ độ pH cố định.

English	English	Thuật Ngữ	Định Nghĩa
Cairn	A human-made pile (or stack) of stones typically used as trail markers in many parts of the world, in uplands, on moorland, on mountaintops, near waterways and on sea cliffs, as well as in barren deserts and tundra.	Ụ đá (nhân tạo)	Ụ đá hình tháp nhân tạo thường dùng để đánh dấu đường đi.
Capillarity	The tendency of a liquid in a capillary tube or absorbent material to rise or fall as a result of surface tension.	Hiện tượng mao dẫn	Hiện tượng chất lỏng tự dâng lên cao trong vùng không gian hẹp hoặc chất dẫn nước. Hiện tượng này được gây ra bởi sức căng bề mặt của chất lỏng.
Carbon Nanotube	See: Nanotube	Ống nano Các-bon	Xem Ống Nano.
Carbon Neutral	A condition in which the net amount of carbon dioxide or other carbon compounds emitted into the atmosphere or otherwise used during a process or action is balanced by actions taken, usually simultaneously, to reduce or offset those emissions or uses.	Hiện tượng cân bằng Các-bon	Điều kiện mà trong đó tổng lượng Các-bon đi-ô-xít hoặc các hợp chất có chứa Các-bon khác thải ra môi trường bên ngoài được cân bằng bằng các biện pháp nhằm giảm hoặc bù đắp lượng Các-bon thải ra.
Catalysis	The change, usually an increase, in the rate of a chemical reaction due to the participation of an additional substance, called a catalyst, which does not take part in the reaction but changes the rate of the reaction.	Quá trình xúc tác	Làm thay đổi tốc độ phản ứng của một phản ứng hóa học nhờ vào sự tham gia của chất xúc tác. Chất xúc tác không bị mất đi trong quá trình phản ứng nhưng làm thay đổi tốc độ phản ứng.

English	English	Thuật Ngữ	Định Nghĩa
Catalyst	A substance that cause Catalysis by changing the rate of a chemical reaction without being consumed during the reaction.	Chất xúc tác	Chất xúc tác được thêm vào phản ứng hóa học để thay đổi tốc độ phản ứng. Chất xúc tác không bị mất đi trong suốt quá trình phản ứng.
Cation	A positively charged ion.	Ca-ti-ôn	Điện tích dương.
Cavitation	Cavitation is the formation of vapor cavities, or small bubbles, in a liquid as a consequence of forces acting upon the liquid. It usually occurs when a liquid is subjected to rapid changes of pressure, such as on the back side of a pump vane, that cause the formation of cavities where the pressure is relatively low.	Sự tạo ra lỗ hổng (chỗ trống)	Sự hình thành khoảng trống (có chứa hơi nước), hoặc bong bóng nhỏ trong chất lỏng khi chịu các lực tác động. Thông thường hiện tượng này xảy ra khi áp suất thay đổi đột ngột tác động lên chất lỏng, ví dụ như bề mặt trong của máy bơm, tạo nên bọt khí nơi mà áp suất tương đối thấp.
Centrifugal Force	A term in Newtonian mechanics used to refer to an inertial force directed away from the axis of rotation that appears to act on all objects when viewed in a rotating reference frame.	Lực ly tâm	Lực ly tâm là một lực quán tính xuất hiện trên mọi vật nằm yên trong hệ quy chiếu quay so với một hệ quy chiếu quán tính. Cũng có thể hiểu lực ly tâm là phản lực của lực hướng tâm tác động vào vật đang chuyển động theo một đường cong.
Centripetal Force	A force that makes a body follow a curved path. Its direction is always at a right angle to the motion of the body and towards the instantaneous center of curvature of the path. Isaac Newton	Lực hướng tâm	Lực hướng tâm là một loại lực cần để làm cho một vật đi theo một quỹ đạo cong. Lực hướng tâm luôn luôn vuông góc với hướng chuyển động của vật, và hướng vào tâm

English	English	Thuật Ngữ	Định Nghĩa
	described it as "a force by which bodies are drawn or impelled, or in any way tend, towards a point as to a centre."		đường tròn tức thời tại thời điểm đó.
Chelants	A chemical compound in the form of a heterocyclic ring, containing a metal ion attached by coordinate bonds to at least two nonmetal ions.	Chất phức càng (định nghĩa)	Một hợp chất hóa học dưới dạng vòng, bao gồm một nguyên tố kim loại liên kết phức với ít nhất hai nguyên tố phi kim.
Chelate	A compound containing a ligand (typically organic) bonded to a central metal atom at two or more points.	Phối tử	Hợp chất (thông thường là phân tử hữu cơ) liên kết với kim loại nặng ở giữa tại hai liên kết hoặc nhiều hơn.
Chelating Agents	Chelating agents are chemicals or chemical compounds that react with heavy metals, rearranging their chemical composition and improving their likelihood of bonding with other metals, nutrients, or substances. When this happens, the metal that remains is known as a "chelate."	Tác nhân tạo phức càng	Tác nhân tạo phức càng là đơn chất hay hợp chất phản ứng với kim loại mạnh, làm thay đổi thành phần hóa học và cải thiện tính phản ứng với các kim loại hay vật chất khác. Khi hiện tượng này xảy ra, kim loại đó được gọi là chất phức càng.
Chelation	A type of bonding of ions and molecules to metal ions that involves the formation or presence of two or more separate coordinate bonds between a polydentate (multiple bonded) ligand and a single central atom; usually an organic compound.	Hiện tượng càng hóa	Dạng liên kết giữa các ion và phân tử với ion kim loại, hình thành từ hai liên kết phức riêng biệt trở lên giữa các phối tử và nguyên tử đơn ở giữa.

English	English	Thuật Ngữ	Định Nghĩa
Chelators	A binding agent that suppresses chemical activity by forming chelates.	Chất phức càng (ứng dụng)	Tác nhân liên kết ngăn chặn hoạt tính hóa học bằng cách tạo nên các phối tử.
Chemical Oxidation	The loss of electrons by a molecule, atom or ion during a chemical reaction.	Phản ứng O-xi hóa	Sự mất đi một hay nhiều electron của một phân tử, nguyên tố, hoặc ion trong một phản ứng hóa học.
Chemical Reduction	The gain of electrons by a molecule, atom or ion during a chemical reaction.	Phản ứng khử	Sự tăng một hay nhiều electron của một phân tử, nguyên tố, hoặc ion trong một phản ứng hóa học.
Chlorination	The act of adding chlorine to water or other substances, typically for purposes of disinfection.	Clo hóa	Sự thêm Clo vào nước hoặc các môi trường khác, thông thường cho mục đích khử trùng.
Choked Flow	Choked flow is that flow at which the flow cannot be increased by a change in Pressure from before a valve or restriction to after it. Flow below the restriction is called Subcritical Flow, flow above the restriction is called Critical Flow.	Giới hạn dòng chảy	Khi dòng chảy bị giới hạn và không thể được tăng cường bởi sự thay đổi áp suất. Dòng chảy thấp hơn giới hạn được gọi là dòng chảy dưới giới hạn, dòng chảy lớn hơn gọi là dòng chảy tới giới hạn.
Chrysalis	The chrysalis is a hard casing surrounding the pupa as insects such as butterflies develop.	Vỏ kén (nhộng)	Vỏ bọc cứng bên ngoài sâu bướm nhằm bảo vệ sự phát triển của ấu trùng bên trong.
Cirque	An amphitheater-like valley formed on the side of a mountain by glacial erosion.	Đài vòng	Thung lũng có hình dạng giống trường đua ngựa hình thành bên sườn núi bởi hoạt động băng hà.
Cirrus Cloud	Cirrus clouds are thin, wispy clouds that usually form above 18,000 feet (5,500 meters).	Mây ti (mây Cirrus)	Kiểu mây được đặc trưng bởi các dải mỏng, tương tự như túm tóc, lông. Thường hình thành ở độ cao trên 5,500 m.

English	English	Thuật Ngữ	Định Nghĩa
Coagulation	The coming together of dissolved solids into fine suspended particles during water or wastewater treatment.	Sự đông	Sự hình thành kết tủa của chất rắn hòa tan trong quá trình xử lý nước, nước thải.
COD	Chemical Oxygen Demand; a measure of the strength of chemical contaminants in water.	Nhu cầu Ô-xi hóa học	Chỉ số đo lường được sử dụng để đo gián tiếp khối lượng của các chất ô nhiễm hữu cơ tìm thấy trong nước.
Coliform	A type of Indicator Organism used to determine the presence or absence of pathogenic organisms in water.	Vi khuẩn dạng Coli	Một dạng chỉ số dùng để xác định sự hiện diện hay mất đi của các sinh vật gây bệnh trong nước.
Concentration	The mass per unit of volume of one chemical, mineral or compound in another.	Nồng độ	Khối lượng của một hóa chất, hợp chất có trong một đơn vị thể tích của một hóa chất, hợp chất khác.
Conjugate Acid	A species formed by the reception of a proton by a base; in essence, a base with a hydrogen ion added to it.	A-xit liên hợp	Một hợp chất hình thành bằng cách thêm một proton vào một ba-zơ, thêm H+.
Conjugate Base	A species formed by the removal of a proton from an acid; in essence, an acid minus a hydrogen ion.	Ba-zơ liên hợp	Một hợp chất hình thành bằng cách lấy đi một proton từ một a-xit, bớt H+.
Contaminant	A noun meaning a substance mixed with or incorporated into an otherwise pure substance; the term usually implies a negative impact from the contaminant on the quality or characteristics of the pure substance.	Chất ô nhiễm	Tạp chất trộn lẫn hoặc liên kết với một hợp chất tinh khiết. Sự hiện diện của tạp chất thường ám chỉ ảnh hưởng xấu của tạp chất đến chất lượng của hợp chất tinh khiết.

English	English	Thuật Ngữ	Định Nghĩa
Contaminant Level	A misnomer incorrectly used to indicate the concentration of a contaminant.	Chỉ số ô nhiễm	Thuật ngữ bị dùng sai và bị hiểu nhầm là chỉ số của nồng độ ô nhiễm.
Contaminate	A verb meaning to add a chemical or compound to an otherwise pure substance.	Làm ô nhiễm	Động từ có nghĩa là thêm vào một hóa chất hay hợp chất vào một chất tinh khiết.
Continuity Equation	A mathematical expression of the Conservation of Mass theory; used in physics, hydraulics, etc., to calculate changes in state that conserve the overall mass of the system being studied.	Phương trình tiếp diễn	Dựa vào định luật bảo toàn khối lượng trong vật lý, thủy lực, vv… để tính sự thay đổi pha của vật chất mà trong đó, tổng khối lượng của hệ được bảo toàn.
Coordinate Bond	A covalent chemical bond between two atoms that is produced when one atom shares a pair of electrons with another atom lacking such a pair. Also called a coordinate covalent bond.	Liên kết cộng hóa trị phối hợp	Liên kết cộng hóa trị giữa hai nguyên tố mà trong đó các điện tử chia sẻ chỉ đến từ một nguyên tử duy nhất.
Cost-Effective	Producing good results for the amount of money spent; economical or efficient.	Hiệu quả chi phí	Thu được kết quả tốt từ vốn đầu tư ban đầu - hiệu quả (lợi nhuận).
Critical Flow	Critical flow is the special case where the Froude number (dimensionless) is equal to 1; or the velocity divided by the square root of (gravitational constant multiplied by the depth) =1 (Compare to Supercritical Flow and Subcritical Flow).	Dòng chảy tới hạn	Dòng chảy tới hạn xảy ra khi số Froude bằng 1.

English	English	Thuật Ngữ	Định Nghĩa
Cumulonimbus Cloud	A dense, towering, vertical cloud associated with thunderstorms and atmospheric instability, formed from water vapor carried by powerful upward air currents.	Mây vũ tích	Một loại mây dày đặc phát triển theo phương thức thẳng đứng rất cao liên quan đến giông và sự bất thường khí quyển, hình thành do sự ngưng tụ của hơi nước hơi nước được mang lên từ các dòng khí mạnh từ dưới lên.
Cwm	A small valley or cirque on a mountain.	Thung lũng hình tròn hoặc chỗ lõm tròn trên núi	
Desalination	The removal of salts from a brine to create a potable water.	Khử muối	Sự loại muối ra khỏi dung dịch, tạo thành nước uống.
Dioxane	A heterocyclic organic compound; a colorless liquid with a faint sweet odor.	Dioxan	Hợp chất hữu cơ dị vòng; chất lỏng không màu với mùi ngọt dịu.
Dioxin	Dioxins and dioxin like compounds (DLCs) are by-products of various industrial processes, and are commonly regarded as highly toxic compounds that are environmental pollutants and persistent organic pollutants (POPs).	Dioxin	Dioxin và những hợp chất tương tự là sản phẩm phụ của nhiều quy trình sản xuất công nghiệp, và thường được xem như là những chất độc hại gây ô nhiễm môi trường khó phân hủy.
Diurnal	Recurring every day, such as diurnal tasks, or having a daily cycle, such as diurnal tides.	Nhịp ngày đêm	Xảy ra hằng ngày (như hoạt động hằng ngày), hoặc có chu kì hằng ngày (chu kì thủy triều).

English	English	Thuật Ngữ	Định Nghĩa
Drumlin	A geologic formation resulting from glacial activity in which a well-mixed gravel formation of multiple grain sizes that forms an elongated or ovular, teardrop shaped, hill as the glacier melts; the blunt end of the hill points in the direction the glacier originally moved over the landscape.	Đồi nhỏ (do hoạt động băng hà mà thành)	Sự cấu tạo địa chất hình thành bởi hoạt động băng hà mà theo đó, đá sỏi được trộng lẫn với nhau với các kích cỡ hạt khác nhau - hình thành đồi nhỏ nhình o-van, giọt nước mắt. Khi băng hà tan đi; phần tù hơn của đồi chỉ hướng di chuyển ban đầu của băng hà.
Ebb and Flow	To decrease then increase in a cyclic pattern, such as tides.	Tiến và thoái	Sự tăng và giảm theo chu kì, tương tự như của thủy triều (biển tiến, biển thoái).
Ecology	The scientific analysis and study of interactions among organisms and their environment.	Sinh thái học	Quá trình nghiên cứu và khảo sát mối liên hệ giữa những hệ sinh học và môi trường xung quanh chúng.
Economics	The branch of knowledge concerned with the production, consumption, and transfer of wealth.	Kinh tế học	Mảng kiến thức đề cập đến sự sản xuất, tiêu dùng, và sự luân chuyển của cải.
Efficiency Curve	Data plotted on a graph or chart to indicate a third dimension on a two-dimensional graph. The lines indicate the efficiency with which a mechanical system will operate as a function of two dependent parameters plotted on the x and y axes of the graph. Commonly used to indicate the efficiency of pumps or motors under various operating conditions.	Đường biểu diễn năng suất	Thông tin được biểu diễn trên đồ thị hoặc biểu đồ. Đường cong biểu thị năng suất của một máy cơ khi hoạt động, là một hàm số của hai biến số khác nhau trên trục tọa độ x và y. Thông thường được dùng để biểu thị năng suất của máy bơm hoặc động cơ khi vận hành dưới những điều kiện khác nhau.

English	English	Thuật Ngữ	Định Nghĩa
Effusion	The emission or giving off of some-thing such as a liquid, light, or smell, usually associated with a leak or a small discharge relative to a large volume.	Phóng lưu	Sự phóng ra, bắn ra của chất lỏng, ánh sáng, hoặc mùi; thông thường đi kèm với sự rò rỉ tương đối nhỏ.
El Niña	The cool phase of El Niño Southern Oscil-lation associated with sea surface tempera-tures in the eastern Pacific below average and air pressures high in the eastern and low in western Pacific.	Hiệu ứng Lanina	Pha 'mát' của hiện tượng dao động khí hậu phương Nam, liên quan đến nhiệt độ nước biển phía đông Thái Bình Dương giảm xuống thấp hơn nhiệt độ trung bình, và áp suất cao ở phía đông Thái Bình Dương và áp suất thấp ở phía tây.
El Niño	The warm phase of the El Niño Southern Oscillation, associ-ated with a band of warm ocean water that develops in the central and east-cen-tral equatorial Pacific, including off the Pacific coast of South America. El Niño is accompanied by high air pressure in the western Pacific and low air pressure in the eastern Pacific.	Hiệu ứng Ennino	Chu kì ấm của hiện tượng dao động khí hậu phương Nam, liên quan đến các dòng biển ấm xuất phát từ giữa và phía đông của Thái Bình Dương, bao gồm bờ biển phía tây nước Mỹ. Ennino thường đi kèm với áp suất cao ở phía tây Thái Bình Dương và áp suất thấp ở phía đông Đại Tây Dương.
El Niño Southern Oscillation	The El Niño Southern Oscillation refers to the cycle of warm and cold temperatures, as measured by sea surface temperature, of the tropical central and eastern Pacific Ocean.	Hiện tượng dao động khí hậu phương Nam	Hiện tượng này nói đến chu kì ấm lên và lạnh đi của nước biển trên bề mặt của vùng nhiệt đới và phía đông của Thái Bình Dương.

English	English	Thuật Ngữ	Định Nghĩa
Endothermic Reactions	A process or reaction in which a system absorbs energy from its surroundings; usually, but not always, in the form of heat.	Phản ứng thu nhiệt	Quá trình hay phản ứng mà trong đó năng lượng bên ngoài được hấp thụ bởi hệ; thông thường dưới dạng nhiệt lượng.
ENSO	El Niño Southern Oscillation	Hiện tượng dao động khí hậu phương Nam (viết tắt)	
Enthalpy	A measure of the energy in a thermodynamic system.	Nhiệt lượng	Đơn vị đo năng lượng.
Entomology	The branch of zoology that deals with the study of insects.	Côn trùng học	Ngành động vật học chuyên về nghiên cứu côn trùng.
Entropy	A thermodynamic quantity representing the unavailability of the thermal energy in a system for conversion into mechanical work, often interpreted as the degree of disorder or randomness in the system. According to the second law of thermodynamics, the entropy of an isolated system never decreases.	Nhiệt động lực	Một lượng trong nhiệt động lực học biểu diễn sự giảm đi của nhiệt lượng bởi sự chuyển đổi từ nhiệt lượng sang động năng, thông thường được đo lường dựa theo 'sự lộn xộn' hay 'tính bừa' thể hiện trong một hệ. Nhiệt động lực của một hệ kín không bao giờ giảm đi (bảo toàn).
Eon	A very long time period, typically measured in millions of years.	Thời đại, niên kỉ	Diễn tả một khoảng thời gian dài, thông thường hàng triệu năm.
Epiphyte	A plant that grows above the ground, supported non-parasitically by another plant or object and deriving its nutrients and water from rain, air, and dust; an "Air Plant."	Ngoại ký sinh thực vật	Loại thực vật không mọc từ mặt đất mà bám vào cây khác hoặc vật khác, tiếp nhận nước và chất dinh dưỡng từ mưa, không khí, và bụi.

English	English	Thuật Ngữ	Định Nghĩa
Esker	A long, narrow ridge of sand and gravel, sometimes with boulders, formed by a stream of water melting from beneath or within a stagnant, melting, glacier.	Đồi hình rắn (do hoạt động băng hà)	Một dải hẹp dài tạo bởi cát, sỏi, và thỉnh thoảng đá lớn, hình thành bởi dòng nước chảy ở dưới hoặc trong tảng băng hà.
Ester	A type of organic compound, typically quite fragrant, formed from the reaction of an acid and an alcohol.	Este	Sản phẩm hữu cơ của phản ứng loại nước giữa rượu và axit. Este thường có mùi thơm dễ chịu.
Estuary	A water passage where a tidal flow meets a river flow.	Cửa sông	Dòng chảy mà nơi đó dòng nước sông gặp dòng nước thủy triều.
Eutrophica-tion	An ecosystem response to the addition of artificial or natural nutrients, mainly nitrates and phosphates to an aquatic system; such as the "bloom" or great increase of phy-toplankton in a water body as a response to increased levels of nutrients. The term usually implies an aging of the ecosys-tem and the transition from open water in a pond or lake to a wet-land, then to a marshy swamp, then to a Fen, and ultimately to upland areas of forested land.	Phú dưỡng	Sự phản ứng của một hệ sinh thái với sự thêm chất dinh dưỡng (nhân tạo hoặc tự nhiên), chủ yếu là hợp chất nitrat và phốt-phát vào một hệ thủy sinh; ví dụ như 'sự bùng nổ' hoặc sự nhân lên nhanh chóng của thực vật nổi trong nước nhờ vào sự tăng cường của chất dinh dưỡng. Hiện tượng này thường được dùng để diễn tả độ tuổi của một hệ sinh thái, và sự thay đổi từ hồ nước tự nhiên, đến vùng đầm lầy, rồi hình thành rừng ngập nước, đến vùng đất sình, và cuối cùng là vùng đất cao được bao phủ bởi rừng.

English	English	Thuật Ngữ	Định Nghĩa
Exosphere	A thin, atmosphere-like volume surrounding Earth where molecules are gravitationally bound to the planet, but where the density is too low for them to behave as a gas by colliding with each other.	Phần bên ngoài khí quyển	Một khí mỏng vùng gần giống với khí quyển trái Đất bao bọc lấy trái Đất, tại đó các phân tử khí được giữ lại bởi trọng lực nhưng nồng độ quá loãng để chúng tương tác như khí (bằng cách va chạm vào nhau).
Exothermic Reactions	Chemical reactions that release energy by light or heat.	Phản ứng tỏa nhiệt	Phản ứng hóa học mà theo đó, năng lượng được giải phóng dưới dạng nhiệt hoặc ánh sáng.
Facultative Organism	An organism that can propagate under either aerobic or anaerobic conditions; usually one or the other conditions is favored: as Facultative Aerobe or Facultative Anaerobe.	Sinh vật tùy ý (không bắt buộc)	Nhóm vi sinh vật có thể nhân giống dưới cả sự hiện hữu hoặc mất đi của Oxi; thông thường thì một trong hai điều kiện sau sẽ xảy ra: vi khuẩn ưa khí không bắt buộc, hoặc vi khuẩn kị khí không bắt buộc.
Fen	A low-lying land area that is wholly or partly covered with water and usually exhibits peaty alkaline soils. A fen is located on a slope, flat, or depression and gets its water from both rainfall and surface water.	Vũng sinh lầy	Vùng trũng thấp mà một phần hoặc toàn phần bị chìm trong nước và vùng đất nơi đây thường chứa nhiều than bùn. Vũng sinh lầy thường nằm trên trũng dốc, phẳng và nhận nguồn nước từ nước mưa và nước bề mặt.
Fermentation Pits	A small, cone shaped pit sometimes placed in the bottom of wastewater treatment ponds to capture the settling solids for anaerobic digestion in a more confined, and therefore more efficient way.	Hố lên men	Hố nhỏ hình nón ở giữa thỉnh thoảng nằm dưới đáy của hồ xử lý nước thải để chất cặn bã đọng lại cho việc xử lý bằng vi sinh vật xảy ra dễ dàng hơn.

English	English	Thuật Ngữ	Định Nghĩa
Flaring	The burning of flammable gasses released from manufacturing facilities and landfills to prevent pollution of the atmosphere from the released gases.	Ống đốt	Sự đốt cháy của các loại khí dễ cháy thải ra từ các nhà máy sản xuất hoặc bãi thải nhằm mục đích giảm sự ô nhiễm không khí từ các khí thải này.
Flocculation	The aggregation of fine suspended particles in water or wastewater into particles large enough to settle out during a sedimentation process.	Sự kết bông sinh học	Hiện tượng các chất trôi lơ lửng trong nước kết lại với nhau thành các phần tử đủ lớn để lắng đọng.
Fluvioglacial Landforms	Landforms molded by glacial meltwater, such as drumlins and eskers.	Vùng đất hình thành do tác động của băng hà	
FOG (Wastewater Treatment)	Fats, Oil, and Grease	Dầu mỡ (trong xử lý nước thải)	
Fossorial	Relating to an animal that is adapted to digging and life underground such as the badger, the naked mole-rat, the mole salamanders and similar creatures.	(Động vật học) hay đào, hay bới, hay dũi	Liên quan đến loài động vật thích nghi với cuộc sống đào bới dưới lòng đất như là con lửng, con chuột chũi, con kỳ giông,…
Fracking	Hydraulic fracturing is a well-stimulation technique in which rock is fractured by a pressurized liquid.	Thủy lực cắt phá	Kỹ thuật khai thác mỏ bằng cách dùng áp suất chất lỏng để làm nứt các tầng đá trong lòng đất.
Froude Number	A dimensionless number defined as the ratio of a characteristic velocity to a gravitational wave velocity. It may also be defined as the ratio of the inertia of a body to gravitational forces. In fluid mechanics, the Froude number	Hằng số Froude	Số Froude hoặc là tiêu chuẩn Froude là một trong những tiêu chuẩn tương đồng khi xét tới chuyển động của chất lỏng và chất khí. Nó cũng có thể được định nghĩa là tỉ lệ giữa quán tính của một vật với trọng lực. Trong động lực học

English	English	Thuật Ngữ	Định Nghĩa
	is used to determine the resistance of a partially submerged object moving through a fluid.		chất lưu, số Froude được dùng để xác định độ cản tác động lên vật di chuyển trên mặt nước.
GC	Gas Chromatograph— an instrument used to measure volatile and semi-volatile organic compounds in gases.	Máy đo sắc phổ của khí	Loại máy dùng để đo nồng độ của hợp chất hữu cơ dễ bay hơi trong không khí.
GC-MS	A GC coupled with an MS	Máy sắc phổ và phối khổ	
Geology	An earth science comprising the study of solid Earth, the rocks of which it is composed, and the processes by which they change.	Địa chất học	Ngành khoa học bao gồm nghiên cứu trái Đất, loại đá hình thành, và các quá trình làm thay đổi cấu tạo địa chất.
Germ	In biology, a microor-ganism, especially one that causes disease. In agriculture, the term relates to the seed of specific plants.	Vi khuẩn gây hại	Trong sinh học, vi sinh vật gây bệnh. Trong nông nghiệp, nó mang nghĩa là mầm của hạt giống.
Gerotor	A positive displace-ment pump.	Gerotor (máy bơm răng trong)	Một loại máy bơm thủy lực.
Glacial Outwash	Material carried away from a glacier by melt-water and deposited beyond the moraine.	Chất lắng băng hà	Vật chất được vận chuyển từ một tảng băng hà bởi nước và đọng lại phía sau băng tích.
Glacier	A slowly moving mass or river of ice formed by the accumulation and compaction of snow on mountains or near the poles.	Băng hà	Một tảng hoặc dòng sông băng di chuyển chậm hình thành bởi sự tích tụ và nén lại của tuyết trên các dãy núi gần vùng cực.
Gneiss	Gneiss ("nice") is a metamorphic rock with large mineral grains arranged in wide bands. It means a type of rock texture, not a particular min-eral composition.	Đá gơnai	Một loại đá biến chất với các hạt khoáng chất lớn nằm giữa các dải lớn (miêu tả kết cấu của đá).

English	English	Thuật Ngữ	Định Nghĩa
GPR	Ground Penetrating Radar	Radar xuyên đất	
GPS	The Global Positioning System; a space-based navigation system that provides location and time information in all weather conditions, anywhere on or near the Earth where there is a simultaneous unobstructed line of sight to four or more GPS satellites.	Hệ thống định vị toàn cầu	Hệ thống định vị sử dụng công nghệ vệ tinh để xác định thời gian và địa điểm dưới mọi điều kiện thời tiết, mọi nơi trên hoặc gần bề mặt trái đất, nơi mà sóng được truyền đi đến ít nhất bốn vệ tinh.
Greenhouse Gas	A gas in an atmosphere that absorbs and emits radiation within the thermal infrared range; usually associated with destruction of the ozone layer in the upper atmosphere of the earth and the trapping of heat energy in the atmosphere leading to global warming.	Khí nhà kính	Khí thải trong không khí hấp thụ và phát ra bức xạ nhiệt dưới dạng tia hồng ngoại gây nhiệt; thường liên quan đến sự phá hủy của tầng ô-zone trong thượng tầng khí quyển và nhiệt bị kẹt trong không khí dẫn đến hiện tượng ấm lên toàn cầu.
Grey Water	Greywater is gently used water from bathroom sinks, showers, tubs, and washing machines. It is water that has not come into contact with feces, either from the toilet or from washing diapers.	Nước xám/ cống	Nước thải sinh hoạt từ nhà tắm, bếp, máy giặt (không có tiếp xúc với phân).
Groundwater	Groundwater is the water present beneath the Earth surface in soil pore spaces and in the fractures of rock formations.	Nước ngầm	Mạch nước ngầm nằm dưới các lớp đất, đá và được tích trữ trong các khoang trống (giữa các vết nứt của đá).

English	English	Thuật Ngữ	Định Nghĩa
Groundwater Table	The depth at which soil pore spaces or fractures and voids in rock become completely saturated with water.	Mực nước ngầm	Độ sâu mà các lỗ trống trong lòng đất và vết nứt trong đá được bão hòa bởi nước.
HAWT	Horizontal Axis Wind Turbine	Turbine gió với trục xoay nằm ngang	
Hazardous Waste	Hazardous waste is waste that poses substantial or potential threats to public health or the environment.	Chất thải độc hại	Loại chất thải gây hại hoặc có khả năng gây hại đến sức khỏe cộng đồng hoặc môi trường.
Hazen-Williams Coefficient	An empirical relationship which relates the flow of water in a pipe with the physical properties of the pipe and the pressure drop caused by friction.	Hệ số Hazen-Williams	Mối quan hệ giữa dòng chảy trong ống dẫn và tính chất vật lý của ống và sự thất thoát áp suất gây ra bởi lực ma sát.
Head (Hydraulic)	The force exerted by a column of liquid expressed by the height of the liquid above the point at which the pressure is measured.	Độ cao thủy lực (Cột áp thủy lực)	Lực tạo ra bởi cột chất lỏng biểu hiện bởi độ cao của chất lỏng so với mốc đo.
Heat Island	See: Urban Heat Island	Xem Đảo nhiệt đô thị	
Heterocyclic Organic Compound	A heterocyclic compound is a material with a circular atomic structure that has atoms of at least two different elements in its rings.	Hợp chất hữu cơ dị vòng	Hợp chất hữu cơ cấu tạo bởi ít nhất hai nguyên tố khác nhau với cấu trúc dị vòng.
Heterocyclic Ring	A ring of atoms of more than one kind; most commonly, a ring of carbon atoms containing at least one non-carbon atom.	Hợp chất dị vòng	Vòng cấu tạo bởi hơn một nguyên tố; thường gặp nhất là vòng Cacbon và ít nhất một nguyên tố khác.

English	English	Thuật Ngữ	Định Nghĩa
Hetero-trophic Organism	Organisms that utilize organic compounds for nourishment.	Sinh vật sống nhờ vào hợp chất dị vòng	Các loài sinh vật mà nguồn dinh dưỡng được cung cấp bởi các hợp chất hữu cơ dị vòng.
Holometabo-lous Insects	Insects that undergo a complete metamor-phosis, going through four life stages: embryo, larva, pupa and imago.	Biến thái hoàn toàn (côn trùng)	Côn trùng trải qua quá trình biến thái hoàn toàn, với 4 pha: Trứng, ấu trùng, nhộng, và bọ trưởng thành.
Horizontal Axis Wind Turbine	Horizontal axis means the rotating axis of the wind turbine is hori-zontal, or parallel with the ground. This is the most common type of wind turbine used in wind farms.	Turbine gió với trục xoay nằm ngang	Đây là loại turbine gió thường gặp nhất với trục xoay nằm song song với mặt đất.
Hydraulic Conductivity	Hydraulic conduc-tivity is a property of soils and rocks, which describes the ease with which a fluid (usually water) can move through pore spaces or fractures. It depends on the intrin-sic permeability of the material, the degree of saturation, and on the density and viscosity of the fluid.	Tính dẫn thủy lực	Tính chất của đất và đá, mô tả sự lưu chuyển của nước qua các lỗ hổng hoặc vết nứt trong đất và đá. Tính dẫn thủy lực phụ thuộc vào tính thấm của lớp địa chất, độ ướt, và độ đặc cũng như tính dính ướt của chất lỏng.
Hydraulic Fracturing	See: Fracking	Xem thủy lực cắt phá	
Hydraulic Loading	The volume of liquid that is discharged to the surface of a filter, soil, or other material per unit of area per unit of time, such as gallons/square foot/minute.	Tải lượng chất lỏng	Thể tích chất lỏng đầu vào của một hệ thống lọc, đất, hoặc hệ thống khác trên 1 đơn vị diện tích trên 1 đơn vị thời gian (ví dụ gallons/square foot/minute).

English	English	Thuật Ngữ	Định Nghĩa
Hydraulics	Hydraulics is a topic in applied science and engineering dealing with the mechanical properties of liquids or fluids.	Thủy lực học	Ngành học bên khoa học ứng dụng và kĩ thuật nghiên cứu về tính chất cơ của chất lỏng.
Hydric Soil	Hydric soil is soil which is permanently or seasonally saturated by water, resulting in anaerobic conditions. It is used to indicate the boundary of wetlands.	Đất ngập nước	Vùng đất ngập nước theo chu kì hoặc vĩnh viễn, tạo nên vùng trũng kị khí. Được dùng để xác định ranh giới của đầm lầy.
Hydroelectric	An adjective describing a system or device powered by hydroelectric power.	Thuộc về thủy điện	Tính từ dùng để mô tả hệ thống hoặc dụng cụ sử dụng thủy điện.
Hydroelectricity	Hydroelectricity is electricity generated through the use of the gravitational force of falling or flowing water.	Thủy điện	Năng lượng điện được tạo ra bởi thế năng của dòng nước.
Hydrofracturing	See: Fracking	Xem thủy lực cắt phá	
Hydrologic Cycle	The hydrological cycle describes the continuous movement of water on, above and below the surface of the Earth.	Vòng tuần hoàn nước	Vòng tuần hoàn nước biểu diễn sự vận chuyển của nước trên Trái đất (bao gồm nước trên bề mặt và nước ngầm).
Hydrologist	A practitioner of hydrology.	Nhà thủy văn học	
Hydrology	Hydrology is the scientific study of the movement, distribution, and quality of water.	Thủy học	Ngành khoa học nghiên cứu sự vận chuyển, phân phối, và chất lượng nước.
Hypertrophication	See: Eutrophication	Xem phú dưỡng	
Imago	The final and fully developed adult stage of an insect, typically winged.	Bọ trưởng thành	Pha cuối cùng và hoàn thiện nhất của côn trùng (thông thường là côn trùng có cánh).

English	English	Thuật Ngữ	Định Nghĩa
Indicator Organism	An easily measured organism that is usually present when other pathogenic organisms are present and absent when the pathogenic organisms are absent.	Sinh vật chỉ thị	Nhóm vi sinh vật tồn tại song song với sinh vật gây bệnh. Chúng tồn tại khi các sinh vật gây bệnh tồn tại, và mất đi khi các sinh vật gây bệnh mất đi.
Inertial Force	A force as perceived by an observer in an accelerating or rotating frame of reference, that serves to confirm the validity of Newton's laws of motion, e.g. the perception of being forced backward in an accelerating vehicle.	Quán tính	Lực cảm nhận được bởi vật cùng với hệ quy chiếu của một vật khác chuyển động hoặc chuyển tốc, khẳng định định luật Newton về động lực học. Ví dụ như vật bị đẩy ra phía sau của xe khi xe tăng tốc.
Internal Rate of Return	A method of calculating rate of return that does not incorporate external factors; the interest rate resulting from a transaction is calculated from the terms of the transaction, rather than the results of the transaction being calculated from a specified interest rate.	Ti suất thu nhập nội bộ	Hệ số dùng để đánh giá các phương án, lợi nhuận của các dự án đầu tư mà không có liên quan đến các yếu tố bên ngoài. Ti suất thu nhập được tính bằng cách sử dụng 1 tỉ lệ chiết khấu, nó không tính đến sự thay đổi của tỉ lệ chiết khấu.
Interstitial Water	Water trapped in the pore spaces between soil or biosolid particles.		Nước bị kẹt trong những lỗ hổng trong đất hoặc những phần tử của chất thải vi sinh.
Invertebrates	Animals that neither possess nor develop a vertebral column, including insects; crabs, lobsters and their kin; snails, clams, octopuses and their kin; starfish, sea-urchins and their kin; and worms, among others.	Động vật không xương sống	Những loài động vật không có cấu trúc xương sống để nâng đỡ cơ thể, bao gồm côn trùng; giáp xác; ốc, sò, bạch tuộc; sao biển; giun…

English	English	Thuật Ngữ	Định Nghĩa
Ion	An atom or a molecule in which the total number of electrons is not equal to the total number of protons, giving the atom or molecule a net positive or negative electrical charge.	Ion	Một nguyên tố hoặc nguyên tử mà trong đó số electron và proton không bằng nhau, làm cho điện tích của ion dương hoặc âm.
Jet Stream	Fast flowing, narrow air currents found in the upper atmosphere or troposphere. The main jet streams in the United States are located near the altitude of the tropopause and flow generally west to east.	Dòng xoáy (thượng tầng)	Dòng khí hẹp trôi nhanh thường thấy ở thượng tầng khí quyển hoặc tầng đối lưu. Những dòng xoáy chính ở Hoa Kỳ nằm ở độ cao của tầng đối lưu và thông thường di chuyển từ Tây sang Đông.
Kettle Hole	A shallow, sediment-filled body of water formed by retreating glaciers or draining floodwaters. Kettles are fluvioglacial landforms occurring as the result of blocks of ice calving from the front of a receding glacier and becoming partially to wholly buried by glacial outwash.	Lõm lòng chảo	Đầm trũng tạo bởi vật liệu kết đọng khi băng hà rút đi. Lõm lòng chảo là kết quả của những tảng băng nằm phía trước của băng hà (trong quá trình rút đi) bị chôn vùi hoàn toàn hoặc bán hoàn toàn bởi trầm tích băng hà.
Laminar Flow	In fluid dynamics, laminar flow occurs when a fluid flows in parallel layers, with no disruption between the layers. At low velocities, the fluid tends to flow without lateral mixing. There are no cross-currents perpendicular to the direction of flow, nor eddies or swirls of fluids.	Dòng chảy nhiều lớp	Trong thủy động lực học, dòng chảy nhiều lớp xuất hiện khi chất lỏng chảy thành các dòng song song với nhau và không hòa lẫn. Trong dòng chảy nhiều lớp, không có các dòng cắt ngang vuông góc với hướng chảy, cũng như không có vùng nước xoáy.

English	English	Thuật Ngữ	Định Nghĩa
Lens Trap	A defined space within a layer of rock in which a fluid, typically oil, can accumulate.	Quặng dạng thấu kính	Khoang trống nằm giữa các lớp đá, nơi mà chất lỏng (thông thường là dầu khoáng) có thể tích tụ.
Lidar	Lidar (also written LIDAR, LiDAR or LADAR) is a remote sensing technology that measures distance by illuminating a target with a laser and analyzing the reflected light.	Lidar	Loại radar sử dụng tia la-de để đo khoảng cách và phân tích ánh sáng bị phản hồi lại.
Life-Cycle Costs	A method for assessing the total cost of facility or artifact ownership. It takes into account all costs of acquiring, owning, and dispos-ing of a building, building system, or other artifact. This method is especially useful when project alternatives that fulfill the same performance requirements, but have different initial and operating costs, are to be compared to maximize net savings.	Chi phí chu kì sống	Phương pháp dùng để ước lượng tổng chi phí của một xí nghiệp hoặc mô hình đầu tư. Phép tính này bao gồm tất cả chi phí để thu được, làm chủ, và loại bỏ một công trình xây dựng, hệ thống máy móc, hoặc các hệ thống khác. Phương pháp này đặc biệt hữu dụng khi áp dụng những phương pháp thay thế vẫn đáp ứng được yêu cầu, nhưng tốn ít vốn đầu tư ban đầu và chi phí vận hành hơn. Các phương pháp này được so sánh với nhau để tìm ra kết quả tối ưu.
Ligand	In chemistry, an ion or molecule attached to a metal atom by coordinate bonding. In biochemistry, a molecule that binds to another (usually larger) molecule.	Phối tử	Trong hóa học, một ion hay nguyên tử liên kết với một nguyên tố kim loại bởi liên kết phối hợp. Trong hóa sinh, một phân tử liên kết với một phân tử khác (thông thường lớn hơn).

English	English	Thuật Ngữ	Định Nghĩa
Macrophyte	A plant, especially an aquatic plant, large enough to be seen by the naked eye.	Thực vật vĩ mô	Loại thực vật (đặc biệt là thực vật sống trong nước) đủ lớn để nhìn thấy bằng mắt thường.
Marine Macrophyte	Marine macrophytes comprise thousands of species of macro-phytes, mostly mac-roalgae, seagrasses, and mangroves, that grow in shallow water areas in coastal zones.	Thực vật vĩ mô sống dưới biển	Bao gồm hàng ngàn loại thực vật mọc ở vùng ven biển, chủ yếu là rong, cỏ biển, rừng ngập mặn.
Marsh	A wetland dominated by herbaceous, rather than woody, plant species; often found at the edges of lakes and streams, where they form a tran-sition between the aquatic and terrestrial ecosystems. They are often dominated by grasses, rushes or reeds. Woody plants present tend to be low-growing shrubs. This vegetation is what differentiates marshes from other types of wetland such as Swamps, and Mires.	Vùng đầm lầy (cỏ)	Điểm đặc trưng của loại đầm lầy này là các loại thực vật sinh sống chủ yếu ở đây thuộc loại thân cỏ; thường được tìm thấy ở ven rìa các hồ, suối, nơi mà các hệ sinh thái thủy sinh và trên cạn gặp nhau. Các loại cỏ, rong phát triển rất nhiều ở đây.
Mass Spec-troscopy	A form of analysis of a compound in which light beams are passed through a prepared liquid sample to indi-cate the concentration of specific contami-nants present.	Phương pháp khối phổ	Một phương pháp dùng để phân tích thành phần của hỗn hợp, ánh sáng được chiếu qua dung dịch mẫu để xác định nồng độ của chất tạp trong dung dịch.
Maturation Pond	A low-cost polishing pond, which gener-ally follows either a primary or secondary facultative	Bể ủ	Bể nông (0.9–1 m) dùng để xử lí bổ sung nước cống sau quá trình xử lí sinh học, qua đó các chất rắn

English	English	Thuật Ngữ	Định Nghĩa
	wastewater treatment pond. Primarily designed for tertiary treatment, (i.e., the removal of pathogens, nutrients and possibly algae) they are very shallow (usually 0.9–1 m depth).		được hình thành trong quá trình xử lí sinh học được loại bỏ (ấu trùng gây hại, rêu).
MBR	See: Membrane Reactor		
Membrane Bioreactor	The combination of a membrane process like microfiltration or ultrafiltration with a suspended growth bioreactor.	Màng lọc vi sinh	Sự ứng dụng kết hợp giữa hệ thống lọc và phân hủy chất thải bằng cách sử dụng vi sinh vật.
Membrane Reactor	A physical device that combines a chemical conversion process with a membrane separation process to add reactants or remove products of the reaction.	Màng lọc phản ứng	Thiết bị lọc cơ học áp dụng những phản ứng hóa học để loại bỏ các chất bẩn và lọc các sản phẩm kết tủa từ những phản ứng hóa học đó.
Mesopause	The boundary between the mesosphere and the thermosphere.	Ranh giới giữa tầng trung lưu và thượng tầng nhiệt của bầu khí quyển	
Mesosphere	The third major layer of Earth atmosphere that is directly above the stratopause and directly below the mesopause. The upper boundary of the mesosphere is the mesopause, which can be the coldest naturally occurring place on Earth with temperatures as low as −100°C (−146°F or 173K).	Tầng trung lưu	Lớp khí quyển thứ ba nằm ngay phía trên tầng bình lưu và ngay phía dưới tầng nhiệt. Ranh giới trên giữa tầng trung lưu và tầng nhiệt có thể là nơi lạnh nhất trong khí quyển trái đất với nhiệt độ thấp đến −100°C (−146°F hay 173K).

English	English	Thuật Ngữ	Định Nghĩa
Metamorphic Rock	Metamorphic rock is rock which has been subjected to temperatures greater than 150 to 200°C and pressure greater than 1,500 bars, causing profound physical and/or chemical change. The original rock may be sedimentary, igneous rock or another, older, metamorphic rock.	Đá biến chất	Đá biến chất là loại đá chịu áp lực trên 1500 bars và nhiệt độ hơn 150 đến 200 độ C, gây nên sự thay đổi đáng kể về tính chất vật lý lẫn hóa học. Loại đá này có thể được hình thành từ đá trầm tích, đá mác-ma, hoặc từ loại đá biến chất có trước.
Metamorphosis	A biological process by which an animal physically develops after birth or hatching, involving a conspicuous and relatively abrupt change in body structure through cell growth and differentiation.	Biến thái hoàn toàn	Một quá trình sinh học ở động vật mà theo đó loài động vật này trải qua quá trình thay đổi về cấu trúc vật lý của cơ thể một cách dễ nhận thấy và đột ngột về mặt cấu trúc của cơ thể thông qua các quá trình phân tách tế bào.
Microbe	Microscopic single-cell organisms	Vi sinh vật đơn bào	
Microbial	Involving, caused by, or being microbes.	Thuộc về vi sinh vật đơn bào	
Microorganism	A microscopic living organism, which may be single celled or multicellular.	Vi sinh vật	Bao gồm các cơ thể sống vi sinh, đơn bào lẫn đa bào.
Milliequivalent	One thousandth (10^{-3}) of the equivalent weight of an element, radical, or compound.	Mili đương lượng	Một phần nghìn của đương lượng của một chất hay hợp chất.
Mires	A wetland terrain without forest cover dominated by living, peat-forming plants. There are two types of mire—Fens and Bogs.	Bãi lầy	Vùng đất ngập nước có tình chất đất xốp, mềm, và ẩm ướt do cây cối mục nát tạo thành kết hợp với việc nước ứ đọng thành một vũng lầy.
Molal Concentration	See: Molality	Xem nồng độ phân tử	

English	English	Thuật Ngữ	Định Nghĩa
Molality	Molality, also called molal concentration, is a measure of the concentration of a solute in a solution in terms of amount of substance in a specified mass of the solvent.	Nồng độ phân tử	Dùng để đo nồng độ của chất hòa tan trong một dung dịch được biểu diễn bằng đơn vị khối lượng chất tan (g) trên khối lượng dung môi (kg).
Molar Concentration	See: Molarity	Xem nồng độ Mol	
Molarity	Molarity is a measure of the concentration of a solute in a solution, or of any chemical species in terms of the mass of substance in a given volume. A commonly used unit for molar concentration used in chemistry is mol/L. A solution of concentration 1 mol/L is also denoted as 1 molar (1 M).	Nồng độ Mol	Mole, hay nồng độ mol, được dùng để đo nồng độ của một chất tan trong một dung dịch. Đơn vị: 1 mol/L = 1 M.
Mole (Biology)	Small mammals adapted to a subterranean lifestyle. They have cylindrical bodies, velvety fur, very small, inconspicuous ears and eyes, reduced hindlimbs and short, powerful forelimbs with large paws adapted for digging.	Chuột chũi	Trong sinh học, từ này nói đến loại động vật có vú sinh sống trong hang. Chuột chũi có cơ thể thon, nhỏ, lông mềm, thị giác và thính giác kém phát triển, chân sau ngắn, chân trước mạnh và móng dài thích nghi với việc đào bới.
Mole (Chemistry)	The amount of a chemical substance that contains as many atoms, molecules, ions, electrons, or photons, as there are atoms in 12 grams of carbon-12 (^{12}C), the isotope of carbon with a relative atomic	Mol	Lượng hóa chất có trong một chất mà tổng số nguyên tử, phân tử, hay ion bằng với số lượng nguyên tử có trong 12 gram của đồng vị Cacbon 12, theo định nghĩa, đồng vị Cacbon 12 có khối lượng nguyên

English	English	Thuật Ngữ	Định Nghĩa
	mass of 12, by definition. This number is expressed by the Avogadro constant, which has a value of $6.0221412927 \times 10^{23}$ mol^{-1}.		từ là 12. Đại lượng này được biểu diễn bằng hằng số Avogrado với giá trị: $6.0221412927 \times 10^{23}$ mol^{-1}.
Monetization	The conversion of non-monetary factors to a standardized monetary value for purposes of equitable comparison between alternatives.	Sự quy đổi sang mệnh giá tiền tệ	Quá trình chuyển đổi giá trị của các yếu tố không có tính tiền tệ sang giá trị trên mặt tiền tệ với mục đích so sánh giá trị của chúng.
Moraine	A mass of rocks and sediment deposited by a glacier, typically as ridges at its edges or extremity.	Băng tích	Dải đá và đá trầm tích hình thành bởi băng hà.
Morphology	The branch of biology that deals with the form and structure of an organism, or the form and structure of the organism thus defined.	Hình thái học	Ngành sinh vật học chuyên nghiên cứu về các dạng và cấu trúc của sinh vật, điển hình cho loại sinh vật đó.
Mottling	Soil mottling is a blotchy discoloration in a vertical soil profile; it is an indication of oxidation, usually attributed to contact with groundwater, which can indicate the depth to a seasonal high groundwater table.	Đốm, đường vằn (trong đất)	Đường vằn hoặc vết đốm được tìm thấy trong phẫu diện đất; biểu thị sự oxi hóa đất, thông thường liên quan đến độ cao của mực nước ngầm.
MS	A Mass Spectrophotometer	Máy phối khổ	
MtBE	Methyl-tert-Butyl Ether	Methyl-tert-Butyl Ether	
Multidecadal	A timeline that extends across more than one decade, or 10-year, span.	Hàng chục năm	

English	English	Thuật Ngữ	Định Nghĩa
Municipal Solid Waste	Commonly known as trash or garbage in the United States and as refuse or rubbish in Britain, is a waste type consisting of everyday items that are discarded by the public. "Garbage" can also refer specifically to food waste.	Chất thải sinh hoạt (rắn)	Rác thải sinh hoạt hằng ngày.
Nacelle	Aerodynamically-shaped housing that holds the turbine and operating equipment in a wind turbine.		Vỏ bọc động cơ máy bay hoặc tua-bin gió.
Nanotube	A nanotube is a cylinder made up of atomic particles and whose diameter is around one to a few billionths of a meter (or nanometers). They can be made from a variety of materials, most commonly, Carbon.	Ống nano	Ống nano được tạo ra bởi các nguyên tử, với đường kính trong hàng nanomet. Ống nano có thể được chế tạo từ các vật liệu khác nhau nhưng thông dụng nhất là từ Cacbon.
NAO (North Atlantic Oscillation)	A weather phenomenon in the North Atlantic Ocean of fluctuations in atmospheric pressure differences at sea level between the Icelandic low and the Azores high that controls the strength and direction of westerly winds and storm tracks across the North Atlantic.	Dao động Bắc Đại Tây Dương	Hiện tượng thời tiết vùng Bắc Đại Tây Dương tạo nên sự dao động của khí quyển do sự chênh lệch áp suất không khí tại mực nước biển giữa áp thấp ở biển cận cực và áp cao tại vùng Azores (khu vực tự trị Azores). Sự chênh lệch này kiểm soát cường độ và hướng di chuyển của gió thổi về phương Tây cũng như những cơn bão khắp vùng Bắc Đại Tây Dương.

English	English	Thuật Ngữ	Định Nghĩa
Northern Annular Mode	A hemispheric-scale pattern of climate variability in atmospheric flow in the northern hemisphere that is not associated with seasonal cycles.	Độ dao dộng vùng Bắc Cực	Chỉ số đánh giá sự dao động của khí hậu vùng cực Bắc (độc lập với chu kỳ mùa).
OHM	Oil and Hazardous Materials	Dầu khí và các vật liệu độc hại	
Ombro-trophic	Refers generally to plants that obtain most of their water from rainfall.		Loại thực vật tiếp nhận nguồn nước chủ yếu từ mưa.
Oscillation	The repetitive variation, typically in time, of some measure about a central or equilibrium, value or between two or more different chemical or physical states.	Dao động	Sự thay đổi mang tính lặp lại theo chu kì so với mực chuẩn (mực cân bằng), hoặc giữa hai trạng thái hóa học hoặc vật lý khác nhau.
Osmosis	The spontaneous net movement of dissolved molecules through a semi-permeable membrane in the direction that tends to equalize the solute concentrations both sides of the membrane.	Sự thẩm thấu	Sự dịch chuyển của các phần tử hòa tan xuyên qua màng ngăn nhằm làm cân bằng nồng độ của chất tan trong dung dịch hai bên màng ngăn.
Osmotic Pressure	The minimum pressure which needs to be applied to a solution to prevent the inward flow of water across a semipermeable membrane. It is also defined as the measure of the tendency of a solution to take in water by osmosis.	Áp suất thẩm thấu	Áp suất tối thiểu cần thiết trong dung dịch để ngăn dòng chảy qua màng do hiện tượng thẩm thấu. Áp suất thẩm thấu cũng được định nghĩa như là sự đo lường xu hướng tiếp nước của một dung dịch bởi hiện tượng thẩm thấu.

English	English	Thuật Ngữ	Định Nghĩa
Ozonation	The treatment or combination of a substance or compound with ozone.	Ô-zôn hóa (trong xử lý)	Phương pháp xử lý hoặc trộn lẫn một chất (hoặc hợp chất) với Ô-zôn.
Pascal	The SI derived unit of pressure, internal pressure, stress, Young's modulus and ultimate tensile strength; defined as one newton per square meter.	Đơn vị Pas-can	Đơn vị đo lường áp suất, ứng suất, mô đun đàn hồi, và độ bền kéo; định nghĩa bởi một newton trên một mét vuông.
Pathogen	An organism, usually a bacterium or a virus, which causes, or is capable of causing, disease in humans.	Tác nhân gây bệnh	Một sinh vật, thông thường là vi khuẩn hoặc vi-rút gây ra hoặc có khả năng gây ra bệnh ở người.
PCB	Polychlorinated Biphenyl	Polychlorinated Biphyenyl	Là một nhóm các hợp chất nhân tạo có nguy cơ gây hại cho môi trường và sức khỏe.
Peat (Moss)	A brown, soil-like material characteristic of boggy, acid ground, consisting of partly decomposed vegetable matter; widely cut and dried for use in gardening and as fuel.	Than bùn	Vật chất hữu cơ hình thành từ sự phân hủy không hoàn toàn tàn dư thực vật; được sử dụng rộng rãi để bón phân hoặc nhiên liệu.
Peristaltic Pump	A type of positive displacement pump used for pumping a variety of fluids. The fluid is contained within a flexible tube fitted inside a (usually) circular pump casing. A rotor with a number of "rollers", "shoes", "wipers", or "lobes" attached to the external circumference of the rotor compresses the flexible tube sequentially, causing the fluid to flow in one direction.	Máy bơm nhu động	Một loại máy bơm được dùng để bơm các loại chất lỏng khác nhau. Chất lỏng được chứa trong một ống dẻo, dễ uốn. Ống này nằm trong khoang máy bơm. Khi máy hoạt động, các bánh lăn sẽ liên tục ép ống dẻo, đẩy chất lỏng theo một chiều nhất định.

English	English	Thuật Ngữ	Định Nghĩa
pH	A measure of the hydrogen ion concentration in water; an indication of the acidity of the water.	Độ pH	Số đo nồng độ ion H+ trong nước; chỉ định độ a-xít trong nước.
Phenocryst	The larger crystals in a porphyritic rock.	Tinh thể ban	Các tinh thể có kích thước lớn hơn trong loại đá ban tinh.
Photosynthesis	A process used by plants and other organisms to convert light energy, normally from the Sun, into chemical energy that can be used by the organism to drive growth and propagation.	Quá trình quang hợp	Quá trình xảy ra ở thực vật và một vài hệ sinh vật khác chuyển đổi năng lượng ánh sáng, thông thường từ mặt trời, sang năng lượng hóa học và được hấp thụ bởi sinh vật đó để phát triển và sinh sản.
pOH	A measure of the hydroxyl ion concentration in water; an indication of the alkalinity of the water.	Độ pOH	Số đo nồng độ ion OH- trong nước; chỉ định độ ba-zơ trong nước.
Polarized Light	Light that is reflected or transmitted through certain media so that all vibrations are restricted to a single plane.	Ánh sáng bị phân cực	Ánh sáng bị phản xạ hoặc truyền qua một môi trường nhất định mà trong đó sự dao động của sóng ánh sáng bị giới hạn theo một phương cố định.
Polishing Pond	See: Maturation Pond		
Polydentate	Attached to the central atom in a coordination complex by two or more bonds—See: Ligands and Chelates.	Phối tử	Một nguyên tử, phân tử, hay nhóm ion liên kết với một nguyên tử trung tâm của một phân tử tạo thành một hợp chất.
Pore Space	The interstitial spaces between grains of soil in a soil mixture or profile.	Phần lỗ rỗng	Khoảng trống nằm giữa các hạt đất trong một hỗn hợp đất hoặc mặt cắt đất.

English	English	Thuật Ngữ	Định Nghĩa
Porphyritic Rock	Any igneous rock with large crystals embedded in a finer groundmass of minerals.	Đá có tinh thể lớn	Loại đá mác-ma có tinh thể lớn được bao quanh bởi các vật chất có kích thước nhỏ hơn.
Porphyry	A textural term for an igneous rock consisting of large-grain crystals such as feldspar or quartz dispersed in a fine-grained matrix.	Có tinh thể lớn	Thuật ngữ dùng để nói đến loại đá mác-ma có kết cấu tạo bởi các tinh thể lớn như thạch anh và phenspat hòa lẫn với các hạt nhỏ hơn.
Protolith	Any original rock from which a met-amorphic rock is formed.	Đá nguyên thủy	Loại đá mà từ đó đá biến chất được hình thành.
Pupa	The life stage of some insects undergoing transformation. The pupal stage is found only in holometabo-lous insects, those that undergo a complete metamorphosis, going through four life stages: embryo, larva, pupa and imago.	Giai đoạn nhộng	Quá trình này diễn ra ở côn trùng biến thái hoàn toàn. Bốn giai đoạn của biến thái hoàn toàn bao gồm: Trứng, ấu trùng, nhộng, và dạng trưởng thành.
Pyrolysis	Combustion or rapid oxidation of an organic substance in the absence of free oxygen.	Nhiệt phân	Sự cháy hoặc quá trình ô-xy hóa yếm khí xảy ra một cách nhanh chóng của một hợp chất hữu cơ.
Quantum Mechanics	A fundamental branch of physics concerned with processes involving atoms and photons.	Cơ học lượng tử	Một ngành học cơ bản của vật lý chuyên về các quá trình liên quan đến nguyên tử và các photon.
Radar	An object-detection system that uses radio waves to determine the range, angle, or velocity of objects.	Ra-đa	Hệ thống dò tìm sử dụng sóng radio để xác định phạm vi, góc, hoặc vật tốc của vật.

English	English	Thuật Ngữ	Định Nghĩa
Rate of Return	A profit on an investment, generally comprised of any change in value, including interest, dividends or other cash flows which the investor receives from the investment.	Tỷ số lợi tức	Lợi nhuận thu được từ một cuộc đầu tư, thông thường bao gồm sự biến đổi về giá trị, lãi suất, lãi cổ phần hoặc các nguồn tiền khác mà người đầu tư nhận được.
Ratio	A mathematical relationship between two numbers indicating how many times the first number contains the second.	Tỉ lệ	Mối quan hệ toán học giữa hai số.
Reactant	A substance that takes part in and undergoes change during a chemical reaction.	Chất tham gia (hóa học)	Trong một phản ứng hóa học, chất tham gia phản ứng với nhau để tạo nên sản phẩm.
Reactivity	Reactivity generally refers to the chemical reactions of a single substance or the chemical reactions of two or more substances that interact with each other.	Độ phản ứng	Thông thường nói đến các phản ứng của một chất hóa học; hoặc hai chất hóa học phản ứng với nhau.
Reagent	A substance or mixture for use in chemical analysis or other reactions.	Thuốc thử	Một chất hay hợp chất dùng để phân tích các phản ứng hóa học.
Redox	A contraction of the name for a chemical reduction-oxidation reaction. A reduction reaction always occurs with an oxidation reaction. Redox reactions include all chemical reactions in which atoms have their oxidation state changed; in general, redox reactions involve the transfer of electrons between chemical species.	Sự oxi hóa-khử (viết tắt)	Phản ứng oxi hóa luôn đi kèm với phản ứng khử. Phản ứng oxi hóa-khử bao gồm các phản ứng hóa học mà trong đó có sự thay đổi hóa trị. Nói cách khác, phản ứng oxi-hóa khử liên quan đến sự trao đổi electron giữa các chất phản ứng.

English	English	Thuật Ngữ	Định Nghĩa
Reynold's Number	A dimensionless number indicating the relative turbulence of flow in a fluid. It is proportional to {(inertial force) / (viscous force)} and is used in momentum, heat, and mass transfer to account for dynamic similarity.	Số Reynold	Một giá trị không thứ nguyên biểu thị độ lớn tương đối giữa ảnh hưởng gây bởi lực quán tính và lực ma sát trong (tính nhớt) lên dòng chảy. Số Reynold được dùng trong sự trao đổi nhiệt, quán tính, và khối lượng để giải thích động lực tương đồng.
Salt (Chemistry)	Any chemical compound formed from the reaction of an acid with a base, with all or part of the hydrogen of the acid replaced by a metal or other cation.	Muối	Sản phẩm thu được từ sự phản ứng giữa một a-xit và một ba-giơ, trong đó một hay nhiều phần hi-đrô được thay thế bởi một hay nhiều ion kim loại.
Saprophyte	A plant, fungus, or microorganism that lives on dead or decaying organic matter.	Thực vật hoại sinh	Loại cây, nấm, hoặc hệ vi sinh vật sống nhờ vào xác hoặc các vật liệu hữu cơ đang phân hủy.
Sedimentary Rock	A type of rock formed by the deposition of material at the Earth surface and within bodies of water through processes of sedimentation.	Đá trầm tích	Loại đá hình thành từ sự lắng đọng của vật chất tại bề mặt trái đất và trong lòng nước.
Sedimentation	The tendency for particles in suspension to settle out of the fluid in which they are entrained and come to rest against a barrier due to the forces of gravity, centrifugal acceleration, or electromagnetism.	Sự lắng đọng	Xu hướng mà các vật chất trong nước lắng xuống do sức hút của trái đất, hoặc dưới tác động của lực ly tâm, hoặc điện từ trường.
Sequestering Agents	See: Chelates	Xem: Chất bị càng hóa	

English	English	Thuật Ngữ	Định Nghĩa
Sewage	A water-borne waste, in solution or suspension, generally including human excrement and other wastewater components.	Nước thải	Chất thải dạng nước, hòa tan hoặc lơ lửng trong nước, thông thường bao gồm chất bài tiết của người và các chất thải khác.
Sewerage	The physical infrastructure that conveys sewage, such as pipes, manholes, catch basins, and other components.	Hệ thống cống rãnh	Cơ sở hạ tầng dùng để vận chuyển nước thải, bao gồm ống dẫn, lỗ cống, bồn thu nước.
Sludge	A solid or semi-solid slurry produced as a by-product of wastewater treatment processes or as a settled suspension obtained from conventional drinking water treatment and numerous other industrial processes.	Bã cặn	Chất rắn (hoặc bán rắn) và là sản phẩm phụ của quá trình xử lý nước thải hoặc quá trình lắng đọng trong quá trình xử lý nước và các quá trình công nghiệp khác.
Southern Annular Flow	A hemispheric-scale pattern of climate variability in atmospheric flow in the southern hemisphere that is not associated with seasonal cycles.	Dao động hình khuyên phía Nam	Một dạng hình thế khí hậu xảy ra ở bán cầu Nam - sự thay đổi của dòng chảy không khí không theo chu kỳ mùa.
Specific Gravity	The ratio of the density of a substance to the density of a reference substance; or the ratio of the mass per unit volume of a substance to the mass per unit volume of a reference substance.	Tỷ trọng	Tỷ lệ giữa khối lượng riêng của một chất so với chất tham chiếu.
Specific Weight	The weight per unit volume of a material or substance.	Trọng lượng riêng	Trọng lượng riêng của một vật được tính bằng trọng lượng chia cho thể tích.

English	English	Thuật Ngữ	Định Nghĩa
Spectrometer	A laboratory instrument used to measure the concentration of various contaminants in liquids by chemically altering the color of the contaminant in question and then passing a light beam through the sample. The specific test programmed into the instrument reads the intensity and density of the color in the sample as a concentration of that contaminant in the liquid.	Máy quang phổ	Một thiết bị dùng trong phòng thí nghiệm để đo độ đậm đặc của các chất bẩn trong nước bằng cách thay đổi màu của chất bẩn cần kiểm tra và chiếu ánh sáng qua mẫu chất lỏng. Các phép tính được lập trình sẵn đọc cường độ và mật độ của màu trong chất lỏng để biểu thị nồng độ của chất bẩn.
Spectrophotometer	A Spectrometer	Giống như máy quang phổ	
Stoichiometry	The calculation of relative quantities of reactants and products in chemical reactions.	Tính hợp phức	Phép tính lượng tương đối của chất tham gia và sản phẩm trong một phản ứng hóa học.
Stratosphere	The second major layer of Earth atmosphere, just above the troposphere, and below the mesosphere.	Tầng bình lưu	Lớp khí quyển chính thứ hai của bầu khí quyển trái đất, phía trên tầng đối lưu và dưới tầng giữa khí quyển.
Substance Concentration	See: Molarity	Nồng độ chất	Xem nồng độ mol.
Subcritical Flow	Subcritical flow is the special case where the Froude number (dimensionless) is less than 1. i.e. The velocity divided by the square root of (gravitational constant multiplied by the depth) = <1 (Compare to Critical Flow and Supercritical Flow).	Dòng chảy dưới (chưa tới) giới hạn	Dòng chảy dưới giới hạn là một trường hợp đặc biệt mà ở đó số Froude nhỏ hơn 1. Vận tốc chia cho căn bậc hai của tích giữa hằng số của trường hấp dẫn và độ sâu <1 (so với dòng chảy tới hạn và dòng chảy trên giới hạn).

English	English	Thuật Ngữ	Định Nghĩa
Supercritical Flow	Supercritical flow is the special case where the Froude number (dimensionless) is greater than 1. i.e. The velocity divided by the square root of (gravitational constant multiplied by the depth) = >1 (Compare to Subcritical Flow and Critical Flow).	Dòng chảy trên giới hạn	Dòng chảy trên giới hạn là một trường hợp đặc biệt mà ở đó số Froude lớn hơn 1. Vận tốc chia cho căn bậc hai của tích giữa hằng số của trường hấp dẫn và độ sâu >1 (so với dòng chảy dưới giới hạn và dòng chảy tới hạn).
Swamp	An area of low-lying land; frequently flooded, and especially one dominated by woody plants.	Vùng đầm lầy	Vùng địa lý trũng thấp, thường bị ngập úng và bị chi phối bởi các thực vật thân gỗ.
Synthesis	The combination of disconnected parts or elements so as to form a whole; the creation of a new substance by the combination or decomposition of chemical elements, groups, or compounds; or the combining of different concepts into a coherent whole.	Sự tổng hợp	Sự kết hợp của các phần rời rạc với nhau để tạo nên một vật hoàn chỉnh; sự chế tạo một hợp chất mới bằng sự kết hợp hoặc phân hủy của các chất hóa học, nhóm, hoặc hợp chất, hoặc kết hợp các ý tưởng khác nhau thành một thể nhất quán.
Synthesize	To create something by combining different things together or to create something by combining simpler substances through a chemical process.	Tổng hợp	Tạo nên một cái gì đó bằng việc kết hợp các vật khác nhau lại, hoặc tạo nên một chất mới bằng cách cho các chất đơn giản hơn phản ứng hóa học với nhau.
Tarn	A mountain lake or pool, formed in a cirque excavated by a glacier.	Hồ	Hồ nhỏ ở núi, hình thành bởi băng hà.

English	English	Thuật Ngữ	Định Nghĩa
Thermo-dynamic Process	The passage of a thermodynamic system from an initial to a final state of thermodynamic equilibrium.	Quá trình nhiệt động lực	Quá trình chuyển đổi trạng thái của một hệ nhiệt động lực từ giai đoạn bắt đầu đến kết thúc quá trình cân bằng nhiệt động lực.
Thermodynamics	The branch of physics concerned with heat and temperature and their relation to energy and work.	Nhiệt động lực học	Ngành học vật lý nghiên cứu nhiệt lượng và nhiệt độ và mối quan hệ của chúng đến năng lượng và công.
Thermo-mechanical Conversion	Relating to or designed for the transformation of heat energy into mechanical work.	Chuyển đổi nhiệt động lượng	Liên quan đến hoặc được thiết kế cho sự chuyển đổi từ nhiệt năng sang động năng.
Thermo-sphere	The layer of Earth atmosphere directly above the mesosphere and directly below the exosphere. Within this layer, ultraviolet radiation causes photoionization and photodissociation of molecules present. The thermosphere begins about 85 kilometers (53 mi) above the Earth.	Tầng nhiệt lưu	Lớp khí quyển của trái đất nằm ngay trên tầng giữa và nằm dưới tầng ngoài khí quyển. Ở tầng này, tia cực tím gây nên sự quang hóa và quang ly của các phân tử. Tầng nhiệt lưu nằm ở độ cao khoảng 85 ki-lo-mét từ bề mặt trái đất.
Tidal	Influenced by the action of ocean tides rising or falling.	Thủy triều	Ảnh hưởng bởi sự dâng lên và hạ xuống của nước biển.
TOC	Total Organic Carbon; a measure of the organic content of contaminants in water.	Tổng lượng cacbon hữu cơ	Đo lường lượng chất ô nhiễm hữu cơ có trong nước.
Torque	The tendency of a twisting force to rotate an object about an axis, fulcrum, or pivot.	Lực quay	Xu hướng của một lực tác động lên vật làm cho vật đó xoay quanh trục hoặc điểm xoay.

English	English	Thuật Ngữ	Định Nghĩa
Trickling Filter	A type of wastewater treatment system consisting of a fixed bed of rocks, lava, coke, gravel, slag, polyurethane foam, sphagnum peat moss, ceramic, or plastic media over which sewage or other wastewater is slowly trickled, causing a layer of microbial slime (biofilm) to grow, covering the bed of media, and removing nutrients and harmful bacteria in the process.	Hệ thống lọc sinh học nhỏ giọt	Phương pháp xử lý nước thải bao gồm một lớp đá, than cốc, sỏi, xỉ, rêu nước, gốm, hoặc môi trường trung gian bằng nhựa. Nước thải chảy (nhỏ giọt) xuống từ từ, tạo nên một lớp màng vi khuẩn trên bề mặt của môi trường trung gian. Sự phát triển của vi khuẩn làm loại bỏ đi các chất hữu cơ và vô cơ cũng như các vi khuẩn gây hại khác.
Tropopause	The boundary in the atmosphere between the troposphere and the stratosphere.	Vùng đỉnh của tầng đối lưu	Ranh giới giữa tầng đối lưu và tầng bình lưu.
Troposphere	The lowest portion of atmosphere; containing about 75% of the atmospheric mass and 99% of the water vapor and aerosols. The average depth is about 17 km (11 mi) in the middle latitudes, up to 20 km (12 mi) in the tropics, and about 7 km (4.3 mi) near the polar regions, in winter.	Tầng đối lưu	Phần thấp nhất của bầu khí quyển trái đất; chứa đựng khoảng 75% khối lượng không khí và 99% hơi nước và sol khí. Độ dày trung bình khoảng 17 km ở vùng ôn đới, lên đến khoảng 20 km ở vùng xích đạo, và khoảng 7 km ở vùng cận cực vào mùa đông.
UHI	Urban Heat Island	Đảo nhiệt đô thị	
UHII	Urban Heat Island Intensity	Cường độ đảo nhiệt đô thị	
Unit Weight	See: Specific Weight	Trọng lượng riêng	

English	English	Thuật Ngữ	Định Nghĩa
Urban Heat Island	An urban heat island is a city or metropolitan area that is significantly warmer than its surrounding rural areas, usually due to human activities. The temperature difference is usually larger at night than during the day, and is most apparent when winds are weak.	Đảo nhiệt đô thị	Đảo nhiệt đô thị là hiện tượng khi một thành phố hoặc một khu đô thị ấm hơn thấy rõ so với các vùng thôn dã lân cận, thông thường gây ra bởi hoạt động của con người. Độ khác biệt nhiệt độ thông thường cao hơn vào ban đêm hơn là ban ngày, và được nhận thấy rõ rệt nhất khi có ít gió.
Urban Heat Island Intensity	The difference between the warmest urban zone and the base rural temperature defines the intensity or magnitude of an Urban Heat Island.	Cường độ đảo nhiệt đô thị	Sự chênh lệch giữa vùng đô thị nóng nhất so với vùng nông thôn lân cận xác định cường độ hay độ lớn của đảo nhiệt đô thị.
UV	Ultraviolet Light	Tia cực tím	
VAWT	Vertical Axis Wind Turbine	Cối xoay gió trục đứng	
Vena Contracta	The point in a fluid stream where the diameter of the stream, or the stream cross-section, is the least, and fluid velocity is at its maximum, such as with a stream of fluid exiting a nozzle or other orifice opening.	Vena Contracta	Một điểm của dòng chất lỏng mà ở đó đường kính của dòng chảy hay mặt cắt dòng chảy là nhỏ nhất, và vận tốc của dòng chảy là lớn nhất, như là miệng thoát của vòi phun nước.
Vernal Pool	Temporary pools of water that provide habitat for distinctive plants and animals; a distinctive type of wetland usually devoid of fish, which allows for the safe	Hồ nước (mang tính tạm thời, mực nước thay đổi theo mùa)	Các hồ nước tạm thời tạo nên điều kiện sinh sống cho các loại thực vật và động vật đặc trưng; dạng đầm lầy thông thường không có cá, tạo điều kiện an toàn cho các loại

English	English	Thuật Ngữ	Định Nghĩa
	development of natal amphibian and insect species unable to withstand competition or predation by open water fish.		lưỡng cư và côn trùng sinh sống và phát triển.
Vertebrates	An animal among a large group distinguished by the possession of a backbone or spinal column, including mammals, birds, reptiles, amphibians, and fishes. (Compare with Invertebrate).	Động vật có xương sống	Loại động vật được nhận biết nhờ vào cấu tạo của bộ xương sống, bao gồm động vật có vú, chim, bò sát, lưỡng cư, và cá (khác với động vật không xương sống).
Vertical Axis Wind Turbine	A type of wind turbine where the main rotor shaft is set transverse to the wind (but not necessarily vertically) while the main components are located at the base of the turbine. This arrangement allows the generator and gearbox to be located close to the ground, facilitating service and repair. VAWTs do not need to be pointed into the wind, which removes the need for wind-sensing and orientation mechanisms.	Cối xoay gió trục đứng	Loại cối xoay gió với trục rô-to chính được đặt cắt ngang hướng thổi của gió (không nhất thiết là thẳng đứng) trong khi các bộ phận chính được đặt tại nền của cối xoay gió. Cách sắp đặt này bố trí máy phát và hộp số gần với mặt đất, dễ dàng cho việc sửa chữa và bảo hành. Vì loại cối xoay gió này không cần phải được đặt theo hướng gió, các thiết bị cảm nhận hướng gió là không cần thiết.
Vicinal Water	Water which is trapped next to or adhering to soil or biosolid particles	Nước lân cận	Nước bị kẹt gần hoặc bám vào đất hoặc các hạt chất thải hữu cơ.
Virus	Any of various submicroscopic agents that infect living organisms, often causing disease, and that consist of a single or	Vi-rút	Các loại siêu vi trùng thường là tác nhân truyền nhiễm bệnh, cấu tạo bởi một dải đơn hoặc kép vật chất di truyền RNA hoặc

English	English	Thuật Ngữ	Định Nghĩa
	double strand of RNA or DNA surrounded by a protein coat. Unable to replicate without a host cell, viruses are often not considered to be living organisms.		DNA được bọc bởi lớp vỏ protein. Vi-rút không thể nhân đôi nếu không có tế bào chủ, thông thường vi-rút không được xem như là một hệ sinh vật.
Viscosity	A measure of the resistance of a fluid to gradual deformation by shear stress or tensile stress; analogous to the concept of "thickness" in liquids, such as syrup versus water.	Độ nhớt	Đại diện cho sự ma sát trong dòng chảy do ứng suất cắt; tương tự như định nghĩa 'đặc' trong chất lỏng, ví dụ như si-rô với nước.
Volcanic Rock	Rock formed from the hardening of molten rock.	Đá núi lửa	Đá hình thành từ sự nguội đi của mác-ma.
Volcanic Tuff	A type of rock formed from compacted volcanic ash which varies in grain size from fine sand to coarse gravel.	Đá túp núi lửa	Loại đá hình thành từ tro núi lửa được nén lại, với nhiều loại kích cỡ hạt khác nhau - từ cát mịn đến hạt sỏi lớn.
Wastewater	Water which has become contaminated and is no longer suitable for its intended purpose.	Nước thải	Nước bị ô nhiễm và không còn phù hợp cho việc sử dụng với mục đích ban đầu.
Water Cycle	The water cycle describes the continuous movement of water on, above and below the surface of the Earth.	Vòng tuần hoàn nước	Biểu diễn sự dịch chuyển tiếp diễn của nước trên, trong, và dưới mặt đất.
Water Hardness	The sum of the Calcium and Magnesium ions in the water; other metal ions also contribute to hardness but are seldom present in significant concentrations.	Nước cứng	Tổng lượng ion Can-xi và Ma-giê trong nước; các kim loại khác cũng góp phần làm nước cứng nhưng thông thường hàm lượng của chúng không đáng kể.

English	English	Thuật Ngữ	Định Nghĩa
Water Softening	The removal of Calcium and Magnesium ions from water (along with any other significant metal ions present).	Phương thức làm mềm nước	Sự loại bỏ Can-xi và Ma-giê ra khỏi nước, cùng với các loại ion kim loại khác.
Weathering	The oxidation, rusting, or other degradation of a material due to weather effects.	Phong hóa	Quá trình phân hủy, oxi hóa, mục, gi của một khoáng vật do các hiện tượng thời tiết.
Wind Turbine	A mechanical device designed to capture energy from wind moving past a propeller or vertical blade of some sort, thereby turning a rotor inside a generator to generate electrical energy.	Cối xoay gió	Thiết bị cơ học được thiết kế để hấp thu năng lượng gió nhờ vào các chân vịt hoặc quạt gió, rồi xoay trục rô-to bên trong và tạo nên năng lượng điện.

CHAPTER 4

Vietnamese to English

Thuật Ngữ	Định Nghĩa	English	English
Ánh sáng bị phân cực	Ánh sáng bị phản xạ hoặc truyền qua một môi trường nhất định mà trong đó sự dao động của sóng ánh sáng bị giới hạn theo một phương cố định.	Polarized Light	Light that is reflected or transmitted through certain media so that all vibrations are restricted to a single plane.
Anion	Điện tích âm.	Anion	A negatively charged ion.
AnMBR	Màng lọc dùng phản ứng vi sinh.	AnMBR	Anaerobic Membrane Bioreactor.
Áp suất thẩm thấu	Áp suất tối thiểu cần thiết trong dung dịch để ngăn dòng chảy qua màng do hiện tượng thẩm thấu. Áp suất thẩm thấu cũng được định nghĩa như là sự đo lường xu hướng tiếp nước của một dung dịch bởi hiện tượng thẩm thấu.	Osmotic Pressure	The minimum pressure which needs to be applied to a solution to prevent the inward flow of water across a semipermeable membrane. It is also defined as the measure of the tendency of a solution to take in water by osmosis.
A-xit liên hợp	Một hợp chất hình thành bằng cách thêm một proton vào một ba-zơ, thêm H+.	Conjugate Acid	A species formed by the reception of a proton by a base; in essence, a base with a hydrogen ion added to it.
Bã cặn	Chất rắn (hoặc bán rắn) và là sản phẩm phụ của quá trình xử lý nước thải hoặc quá	Sludge	A solid or semi-solid slurry produced as a by-product of waste-water treatment

Thuật Ngữ	Định Nghĩa	English	English
	trình lắng đọng trong quá trình xử lý nước và các quá trình công nghiệp khác.		processes or as a settled suspension obtained from conventional drinking water treatment and numerous other industrial processes.
Bãi lầy	Vùng đất ngập nước có tình chất đất xốp, mềm, và ẩm ướt do cây cối mục nát tạo thành kết hợp với việc nước ứ đọng thành một vùng lầy.	Mires	A wetland terrain without forest cover dominated by living, peat-forming plants. There are two types of mire—Fens and Bogs.
Băng hà	Một tảng hoặc dòng sông băng di chuyển chậm hình thành bởi sự tích tụ và nén lại của tuyết trên các dãy núi gần vùng cực.	Glacier	A slowly moving mass or river of ice formed by the accumulation and compaction of snow on mountains or near the poles.
Băng tích	Dải đá và đá trầm tích hình thành bởi băng hà.	Moraine	A mass of rocks and sediment deposited by a glacier, typically as ridges at its edges or extremity.
Ba-zơ liên hợp	Một hợp chất hình thành bằng cách lấy đi một proton từ một a-xit, bớt H+.	Conjugate Base	A species formed by the removal of a proton from an acid; in essence, an acid minus a hydrogen ion.
Bể ủ	Bể nông (0.9–1 m) dùng để xử lí bổ sung nước cống sau quá trình xử lí sinh học, qua đó các chất rắn được hình thành trong quá trình xử lí sinh học được loại bỏ (ấu trùng gây hại, rêu).	Maturation Pond	A low-cost polishing pond, which generally follows either a primary or secondary facultative wastewater treatment pond. Primarily designed for tertiary treatment, (i.e., the removal of pathogens, nutrients and possibly algae) they are very shallow (usually 0.9–1 m depth).

Thuật Ngữ	Định Nghĩa	English	English
Biến thái hoàn toàn	Một quá trình sinh học ở động vật mà theo đó loài động vật này trải qua quá trình thay đổi về cấu trúc vật lý của cơ thể một cách dễ nhận thấy và đột ngột về mặt cấu trúc của cơ thể thông qua các quá trình phân tách tế bào.	Metamor-phosis	A biological process by which an animal physically develops after birth or hatching, involving a conspic-uous and relatively abrupt change in body structure through cell growth and differen-tiation.
Biến thái hoàn toàn (côn trùng)	Côn trùng trải qua quá trình biến thái hoàn toàn, với 4 pha: Trứng, ấu trùng, nhộng, và bọ trưởng thành.	Holometabo-lous Insects	Insects that undergo a complete metamor-phosis, going through four life stages: embryo, larva, pupa and imago.
Bionecro	Công nghệ độc quyền loại bỏ CO_2 từ khí quyển và chôn vĩnh viễn dưới lòng đất.	Biorecro	A proprietary process that removes CO_2 from the atmosphere and store it perma-nently below ground.
Bọ trưởng thành	Pha cuối cùng và hoàn thiện nhất của côn trùng (thông thường là côn trùng có cánh).	Imago	The final and fully developed adult stage of an insect, typically winged.
Bùn hoạt tính	Quá trình xử lý nước thải sinh hoạt và chất thải công nghiệp sử dụng không khí và sự kết bông sinh học gây bao gồm vi khuẩn và động vật nguyên sinh.	Activated Sludge	A process for treating sewage and industrial wastewaters using air and a biological floc composed of bacteria and protozoa.
Ca-ti-ôn	Điện tích dương.	Cation	A positively charged ion.
Cây không khí	Một loại thực vật biểu sinh.	Air Plant	An Epiphyte
Chất lắng băng hà	Vật chất được vận chuyển từ một tảng băng hà bởi nước và đọng lại phía sau băng tích.	Glacial Outwash	Material carried away from a glacier by meltwater and deposited beyond the moraine.

Thuật Ngữ	Định Nghĩa	English	English
Chất ô nhiễm	Tạp chất trộn lẫn hoặc liên kết với một hợp chất tinh khiết. Sự hiện diện của tạp chất thường ám chỉ ảnh hưởng xấu của tạp chất đến chất lượng của hợp chất tinh khiết.	Contaminant	A noun meaning a substance mixed with or incorporated into an otherwise pure substance; the term usually implies a negative impact from the contaminant on the quality or charac-teristics of the pure substance.
Chất phức càng (định nghĩa)	Một hợp chất hóa học dưới dạng vòng, bao gồm một nguyên tố kim loại liên kết phức với ít nhất hai nguyên tố phi kim.	Chelants	A chemical compound in the form of a heterocyclic ring, containing a metal ion attached by coordinate bonds to at least two nonmetal ions.
Chất phức càng (ứng dụng)	Tác nhân liên kết ngăn chặn hoạt tính hóa học bằng cách tạo nên các phối tử.	Chelators	A binding agent that suppresses chemical activity by forming chelates.
Chất thải độc hại	Loại chất thải gây hại hoặc có khả năng gây hại đến sức khỏe cộng đồng hoặc môi trường.	Hazardous Waste	Hazardous waste is waste that poses substantial or potential threats to public health or the environment.
Chất thải sinh hoạt (rắn)	Rác thải sinh hoạt hằng ngày (tiếng Anh-Anh).	Municipal Solid Waste	Commonly known as trash or garbage in the United States and as refuse or rubbish in Britain, is a waste type consisting of everyday items that are discarded by the public. "Garbage" can also refer specifically to food waste.
Chất tham gia (hóa học)	Trong một phản ứng hóa học, chất tham gia phản ứng với nhau để tạo nên sản phẩm.	Reactant	A substance that takes part in and under-goes change during a chemical reaction.

Thuật Ngữ	Định Nghĩa	English	English
Chất xúc tác	Chất xúc tác được thêm vào phản ứng hóa học để thay đổi tốc độ phản ứng. Chất xúc tác không bị mất đi trong suốt quá trình phản ứng.	Catalyst	A substance that cause Catalysis by changing the rate of a chemical reaction without being consumed during the reaction.
Chi phí chu kì sống	Phương pháp dùng để ước lượng tổng chi phí của một xí nghiệp hoặc mô hình đầu tư. Phép tính này bao gồm tất cả chi phí để thu được, làm chủ, và loại bỏ một công trình xây dựng, hệ thống máy móc, hoặc các hệ thống khác. Phương pháp này đặc biệt hữu dụng khi áp dụng những phương pháp thay thế vẫn đáp ứng được yêu cầu, nhưng tốn ít vốn đầu tư ban đầu và chi phí vận hành hơn. Các phương pháp này được so sánh với nhau để tìm ra kết quả tối ưu.	Life-Cycle Costs	A method for assessing the total cost of facility or artifact ownership. It takes into account all costs of acquiring, owning, and disposing of a building, building system, or other artifact. This method is especially useful when project alternatives that fulfill the same performance requirements, but have different initial and operating costs, are to be compared to maximize net savings.
Chỉ số ô nhiễm	Thuật ngữ bị dùng sai và bị hiểu nhầm là chỉ số của nồng độ ô nhiễm.	Contaminant Level	A misnomer incorrectly used to indicate the concentration of a contaminant.
Chuột chũi	Trong sinh học, từ này nói đến loại động vật có vú sinh sống trong hang. Chuột chũi có cơ thể thon, nhỏ, lông mềm, thị giác và thính giác kém phát triển, chân sau ngắn, chân trước mạnh và móng dài thích nghi với việc đào bới.	Mole (Biology)	Small mammals adapted to a subterranean lifestyle. They have cylindrical bodies, velvety fur, very small, inconspicuous ears and eyes, reduced hindlimbs and short, powerful forelimbs with large paws adapted for digging.

Thuật Ngữ	Định Nghĩa	English	English
Chuyển đổi nhiệt động lượng	Liên quan đến hoặc được thiết kế cho sự chuyển đổi từ nhiệt năng sang động năng.	Thermo-mechanical Conversion	Relating to or designed for the transformation of heat energy into mechanical work.
Clo hóa	Sự thêm Clo vào nước hoặc các môi trường khác, thông thường cho mục đích khử trùng.	Chlorination	The act of adding chlorine to water or other substances, typically for purposes of disinfection.
Cơ học lượng tử	Một ngành học cơ bản của vật lý chuyên về các quá trình liên quan đến nguyên tử và các photon.	Quantum Mechanics	A fundamental branch of physics concerned with processes involving atoms and photons.
Có tinh thể lớn	Thuật ngữ dùng để nói đến loại đá mác-ma có kết cấu tạo bởi các tinh thể lớn như thạch anh và phenspat hòa lẫn với các hạt nhỏ hơn.	Porphyry	A textural term for an igneous rock consisting of large-grain crystals such as feldspar or quartz dispersed in a fine-grained matrix.
Cối xoay gió	Thiết bị cơ học được thiết kế để hấp thu năng lượng gió nhờ vào các chân vịt hoặc quạt gió, rồi xoay trục rô-to bên trong và tạo nên năng lượng điện.	Wind Turbine	A mechanical device designed to capture energy from wind moving past a propeller or vertical blade of some sort, thereby turning a rotor inside a generator to generate electrical energy.
Cối xoay gió trục đứng		VAWT	Vertical Axis Wind Turbine
Cối xoay gió trục đứng	Loại cối xoay gió với trục rô-to chính được đặt cắt ngang hướng thổi của gió (không nhất thiết là thẳng đứng) trong khi các bộ phận chính được đặt tại nền của cối xoay gió. Cách sắp đặt này bố trí máy phát và hộp số gần với mặt đất, dễ dàng cho việc sửa chữa và bảo hành. Vì	Vertical Axis Wind Turbine	A type of wind turbine where the main rotor shaft is set transverse to the wind (but not necessarily vertically) while the main components are located at the base of the turbine. This arrangement allows the generator and gearbox to be located close to the ground,

Thuật Ngữ	Định Nghĩa	English	English
	loại cối xoay gió này không cần phải được đặt theo hướng gió, các thiết bị cảm nhận hướng gió là không cần thiết.		facilitating service and repair. VAWTs do not need to be pointed into the wind, which removes the need for wind-sensing and orientation mechanisms.
Côn trùng học	Ngành động vật học chuyên về nghiên cứu côn trùng.	Entomology	The branch of zoology that deals with the study of insects.
Cửa sông	Dòng chảy mà nơi đó dòng nước sông gặp dòng nước thủy triều.	Estuary	A water passage where a tidal flow meets a river flow.
Cường độ đảo nhiệt đô thị	Sự chênh lệch giữa vùng đô thị nóng nhất so với vùng nông thôn lân cận xác định cường độ hay độ lớn của đảo nhiệt đô thị.	Urban Heat Island Intensity (UHII)	The difference between the warmest urban zone and the base rural temperature defines the intensity or magnitude of an Urban Heat Island.
Dao động	Sự thay đổi mang tính lặp lại theo chu kì so với mực chuẩn (mực cân bằng), hoặc giữa hai trạng thái hóa học hoặc vật lý khác nhau.	Oscillation	The repetitive variation, typically in time, of some measure about a central or equilibrium, value or between two or more different chemical or physical states.
Dao động Bắc Đại Tây Dương	Hiện tượng thời tiết vùng Bắc Đại Tây Dương tạo nên sự dao động của khí quyển do sự chênh lệch áp suất không khí tại mực nước biển giữa áp thấp ở biển cận cực và áp cao tại vùng Azores (khu vực tự trị Azores). Sự chênh lệch này kiểm soát cường độ và hướng di chuyển của gió thổi về phương Tây cũng như những cơn bão khắp vùng Bắc Đại Tây Dương.	NAO (North Atlantic Oscillation)	A weather phenomenon in the North Atlantic Ocean of fluctuations in atmospheric pressure differences at sea level between the Icelandic low and the Azores high that controls the strength and direction of westerly winds and storm tracks across the North Atlantic.

Thuật Ngữ	Định Nghĩa	English	English
Dao động đa thập kỉ Đại Tây Dương	Dòng biển gây tác động đến nhiệt độ bề mặt của vùng biển phía Bắc của Đại Tây Dương dựa vào các chu kì khí hậu khác nhau và với chu kì hàng chục năm.	AMO (Atlantic Multidecadal Oscillation)	An ocean current that is thought to affect the sea surface temperature of the North Atlantic Ocean based on different modes and on different multidecadal timescales.
Dao động hình khuyên phía Nam	Một dạng hình thế khí hậu xảy ra ở bán cầu Nam - sự thay đổi của dòng chảy không khí không theo chu kỳ mùa.	Southern Annular Flow	A hemispheric-scale pattern of climate variability in atmospheric flow in the southern hemisphere that is not associated with seasonal cycles.
Dao động vùng Bắc cực	Chi số (thay đổi theo thời gian, không có chu kì nhất định) mô hình áp suất mực nước biển chính - không theo chu kì phía Bắc của 20 vĩ độ bắc. Được đặc trưng bởi áp suất dị thường của một điểm so với dị thường đối diện trung tâm khoảng 37–45 vĩ độ bắc.	AO (Arctic Oscillations)	An index (which varies over time with no particular periodicity) of the dominant pattern of non-seasonal sea-level pressure variations north of 20N latitude, characterized by pressure anomalies of one sign in the Arctic with the opposite anomalies centered about 37–45N.
Dầu khí và cácchất độc hại		OHM	Oil and Hazardous Materials
Dầu mỡ (trong xử lý nước thải)		FOG (Wastewater Treatment)	Fats, Oil, and Grease
Dioxan	Hợp chất hữu cơ dị vòng; chất lỏng không màu với mùi ngọt dịu.	Dioxane	A heterocyclic organic compound; a colorless liquid with a faint sweet odor.
Dioxin	Dioxin và những hợp chất tương tự là sản phẩm phụ của nhiều quy trình sản xuất	Dioxin	Dioxins and dioxin-like compounds (DLCs) are by-products of various

Thuật Ngữ	Định Nghĩa	English	English
	công nghiệp, và thường được xem như là những chất độc hại gây ô nhiễm môi trường khó phân hủy.		industrial processes, and are commonly regarded as highly toxic compounds that are environmental pollutants and persistent organic pollutants (POPs).
Dòng xoáy (thượng tầng)	Dòng khí hẹp trôi nhanh thường thấy ở thượng tầng khí quyển hoặc tầng đối lưu. Những dòng xoáy chính ở Hoa Kỳ nằm ở độ cao của tầng đối lưu và thông thường di chuyển từ Tây sang Đông.	Jet Stream	Fast flowing, narrow air currents found in the upper atmosphere or troposphere. The main jet streams in the United States are located near the altitude of the tropopause and flow generally west to east.
Dòng chảy dưới (chưa tới) giới hạn	Dòng chảy dưới giới hạn là một trường hợp đặc biệt mà ở đó số Froude nhỏ hơn 1. Vận tốc chia cho căn bậc hai của tich giữa hằng số của trường hấp dẫn và độ sâu <1 (so với dòng chảy tới hạn và dòng chảy trên giới hạn).	Subcritical Flow	Subcritical flow is the special case where the Froude number (dimensionless) is less than 1. i.e. The velocity divided by the square root of (gravitational constant multiplied by the depth) = <1 (Compare to Critical Flow and Supercritical Flow).
Dòng chảy nhiều lớp	Trong thủy động lực học, dòng chảy nhiều lớp xuất hiện khi chất lỏng chảy thành các dòng song song với nhau và không hòa lẫn. Trong dòng chảy nhiều lớp, không có các dòng cắt ngang vuông góc với hướng chảy, cũng như không có vùng nước xoáy.	Laminar Flow	In fluid dynamics, laminar flow occurs when a fluid flows in parallel layers, with no disruption between the layers. At low velocities, the fluid tends to flow without lateral mixing. There are no cross-currents perpendicular to the direction of flow, nor eddies or swirls of fluids.

Thuật Ngữ	Định Nghĩa	English	English
Dòng chảy tới hạn	Dòng chảy tới hạn xảy ra khi số Froude bằng 1.	Critical Flow	Critical flow is the special case where the Froude number (dimensionless) is equal to 1; or the velocity divided by the square root of (gravitational constant multiplied by the depth) =1 (Compare to Supercritical Flow and Subcritical Flow).
Dòng chảy trên giới hạn	Dòng chảy trên giới hạn là một trường hợp đặc biệt mà ở đó số Froude lớn hơn 1. Vận tốc chia cho căn bậc hai của tích giữa hằng số của trường hấp dẫn và độ sâu >1 (so với dòng chảy dưới giới hạn và dòng chảy tới hạn).	Supercritical Flow	Supercritical flow is the special case where the Froude number (dimensionless) is greater than 1. i.e. The velocity divided by the square root of (gravitational constant multiplied by the depth) = >1 (Compare to Subcritical Flow and Critical Flow).
Dung dịch đệm	Dung dịch đệm là một dạng dung dịch lỏng chứa đựng trong đó một hỗn hợp axit yếu và ba-zơ liên hợp của nó hoặc ba-zơ yếu và axit liên hợp. Tính chất đặc biệt của dung dịch này là khi ta cho thêm vào một lượng chất có tính ba-zơ hay axit thì pH của dung dịch mới thay đổi rất ít so với dung dịch khi chưa có tác động. Dung dịch đệm được ứng dụng rất nhiều trong ngành thí nghiệm và trong tự nhiên để giữ độ pH cố định.	Buffering	An aqueous solution consisting of a mixture of a weak acid and its conjugate base, or a weak base and its conjugate acid. The pH of the solution changes very little when a small or moderate amount of strong acid or base is added to it and thus it is used to prevent changes in the pH of a solution. Buffer solutions are used as a means of keeping pH at a nearly constant value in a wide variety of chemical applications.

Thuật Ngữ	Định Nghĩa	English	English
Đá biến chất	Đá biến chất là loại đá chịu áp lực trên 1500 bars và nhiệt độ hơn 150 đến 200 độ C, gây nên sự thay đổi đáng kể về tính chất vật lý lẫn hóa học. Loại đá này có thể được hình thành từ đá trầm tích, đá mác-ma, hoặc từ loại đá biến chất có trước.	Metamorphic Rock	Metamorphic rock is rock which has been subjected to temperatures greater than 150 to 200°C and pressure greater than 1,500 bars, causing profound physical and/or chemical change. The original rock may be sedimentary, igneous rock or another, older, metamorphic rock.
Đá có tinh thể lớn	Loại đá mác-ma có tinh thể lớn được bao quanh bởi các vật chất có kích thước nhỏ hơn.	Porphyritic Rock	Any igneous rock with large crystals embedded in a finer groundmass of minerals.
Đá gơnai	Một loại đá biến chất với các hạt khoáng chất lớn nằm giữa các dải lớn (miêu tả kết cấu của đá).	Gneiss	Gneiss ("nice") is a metamorphic rock with large mineral grains arranged in wide bands. It means a type of rock texture, not a particular mineral composition.
Đá nguyên thủy	Loại đá mà từ đó đá biến chất được hình thành.	Protolith	Any original rock from which a metamorphic rock is formed.
Đá núi lửa	Đá hình thành từ sự nguội đi của mác-ma.	Volcanic Rock	Rock formed from the hardening of molten rock.
Đá trầm tích	Loại đá hình thành từ sự lắng đọng của vật chất tại bề mặt trái đất và trong lòng nước.	Sedimentary Rock	A type of rock formed by the deposition of material at the Earth surface and within bodies of water through processes of sedimentation.
Đá túp núi lửa	Loại đá hình thành từ tro núi lửa được nén lại, với nhiều loại kích cỡ hạt khác nhau - từ cát mịn đến hạt sỏi lớn.	Volcanic Tuff	A type of rock formed from compacted volcanic ash which varies in grain size from fine sand to coarse gravel.

Thuật Ngữ	Định Nghĩa	English	English
Đài vòng	Thung lũng có hình dạng giống trường đua ngựa hình thành bên sườn núi bởi hoạt động băng hà.	Cirque	An amphitheater-like valley formed on the side of a mountain by glacial erosion.
Đảo nhiệt đô thị	Đảo nhiệt đô thị là hiện tượng khi một thành phố hoặc một khu đô thị ấm hơn thấy rõ so với các vùng thôn dã lân cận, thông thường gây ra bởi hoạt động của con người. Độ khác biệt nhiệt độ thông thường cao hơn vào ban đêm hơn là ban ngày, và được nhận thấy rõ rệt nhất khi có ít gió.	Urban Heat Island (UHI)	An urban heat island is a city or metropolitan area that is significantly warmer than its surrounding rural areas, usually due to human activities. The temperature difference is usually larger at night than during the day, and is most apparent when winds are weak.
Đất ngập nước	Vùng đất ngập nước theo chu kì hoặc vĩnh viễn, tạo nên vùng trũng kị khí. Được dùng để xác định ranh giới của đầm lầy.	Hydric Soil	Hydric soil is soil which is permanently or seasonally saturated by water, resulting in anaerobic conditions. It is used to indicate the boundary of wetlands.
Địa chất học	Ngành khoa học bao gồm nghiên cứu trái Đất, loại đá hình thành, và các quá trình làm thay đổi cấu tạo địa chất.	Geology	An earth science comprising the study of solid Earth, the rocks of which it is composed, and the processes by which they change.
Điểm ngưng Clo	Phương pháp dùng để xác định nồng độ Clo tối thiểu cần thiết để đảm bảo lượng Clo trong nước đủ để khử trùng.	Breakpoint Chlorination	A method for determining the minimum concentration of chlorine needed in a water supply to overcome chemical demands so that additional chlorine will be available for disinfection of the water.

Thuật Ngữ	Định Nghĩa	English	English
Độ cao thủy lực (Cột áp thủy lực)	Lực tạo ra bởi cột chất lỏng biểu hiện bởi độ cao của chất lỏng so với mốc đo.	Head (Hydraulic)	The force exerted by a column of liquid expressed by the height of the liquid above the point at which the pressure is measured.
Độ dao động vùng Bắc Cực	Chỉ số đánh giá sự dao động của khí hậu vùng cực Bắc (độc lập với chu kỳ mùa).	Northern Annular Mode	A hemispheric-scale pattern of climate variability in atmospheric flow in the northern hemisphere that is not associated with seasonal cycles.
Độ nhớt	Đại diện cho sự ma sát trong dòng chảy do ứng suất cắt; tương tự như định nghĩa 'đặc' trong chất lỏng, ví dụ như si-rô với nước.	Viscosity	A measure of the resistance of a fluid to gradual deformation by shear stress or tensile stress; analogous to the concept of "thickness" in liquids, such as syrup versus water.
Độ pH	Số đo nồng độ ion H+ trong nước; chỉ định độ a-xít trong nước.	pH	A measure of the hydrogen ion concentration in water; an indication of the acidity of the water.
Độ phản ứng	Thông thường nói đến các phản ứng của một chất hóa học; hoặc hai chất hóa học phản ứng với nhau.	Reactivity	Reactivity generally refers to the chemical reactions of a single substance or the chemical reactions of two or more substances that interact with each other.
Độ pOH	Số đo nồng độ ion OH- trong nước; chỉ định độ ba-zơ trong nước.	pOH	A measure of the hydroxyl ion concentration in water; an indication of the alkalinity of the water.
Đoạn nhiệt	Liên quan đến quá trình (hoặc điều kiện) mà theo đó, nhiệt lượng không thay đổi trong một khoảng thời gian nhất định.	Adiabatic	Relating to or denoting a process or condition in which heat does not enter or leave the system concerned during a period of study.

Thuật Ngữ	Định Nghĩa	English	English
Đồi hình rắn (do hoạt động băng hà)	Một dải hẹp dài tạo bởi cát, sỏi, và thỉnh thoảng đá lớn, hình thành bởi dòng nước chảy ở dưới hoặc trong tảng băng hà.	Esker	A long, narrow ridge of sand and gravel, sometimes with boulders, formed by a stream of water melting from beneath or within a stagnant, melting, glacier.
Đồi nhỏ (do hoạt động băng hà mà thành)	Sự cấu tạo địa chất hình thành bởi hoạt động băng hà mà theo đó, đá sỏi được trộn lẫn với nhau với các kích cỡ hạt khác nhau - hình thành đồi nhỏ nhình o-van, giọt nước mắt. Khi băng hà tan đi; phần tù hơn của đồi chỉ hướng di chuyển ban đầu của băng hà.	Drumlin	A geologic formation resulting from glacial activity in which a well-mixed gravel formation of multiple grain sizes that forms an elongated or ovu-lar, teardrop shaped, hill as the glacier melts; the blunt end of the hill points in the direction the glacier originally moved over the landscape.
Đốm, đường vằn (trong đất)	Đường vằn hoặc vết đốm được tìm thấy trong phẫu diện đất; biểu thị sự oxi hóa đất, thông thường liên quan đến độ cao của mực nước ngầm.	Mottling	Soil mottling is a blotchy discoloration in a vertical soil pro-file; it is an indication of oxidation, usually attributed to contact with groundwater, which can indicate the depth to a seasonal high groundwater table.
Đơn vị Pas-can	Đơn vị đo lường áp suất, ứng suất, mô đun đàn hồi, và độ bền kéo; định nghĩa bởi một newton trên một mét vuông.	Pascal	The SI derived unit of pressure, internal pres-sure, stress, Young's modulus and ultimate tensile strength; defined as one newton per square meter.
Động vật có xương sống	Loại động vật được nhận biết nhờ vào cấu tạo của bộ xương sống, bao gồm động vật có vú, chim, bò sát, lưỡng cư, và cá	Vertebrates	An animal among a large group distin-guished by the pos-session of a backbone or spinal column, including mammals,

Thuật Ngữ	Định Nghĩa	English	English
	(khác với động vật không xương sống).		birds, reptiles, amphibians, and fishes. (Compare with Invertebrate).
Động vật học: hay đào, hay bới, hay dũi	Liên quan đến loài động vật thích nghi với cuộc sống đào bới dưới lòng đất như là con lửng, con chuột chũi, con kỳ giông,…	Fossorial	Relating to an animal that is adapted to digging and life underground such as the badger, the naked mole-rat, the mole sal-amanders and similar creatures.
Động vật không xương sống	Những loài động vật không có cấu trúc xương sống để nâng đỡ cơ thể, bao gồm côn trùng; giáp xác; ốc, sò, bạch tuộc; sao biển; giun,..	Invertebrates	Animals that neither possess nor develop a vertebral column, including insects; crabs, lobsters and their kin; snails, clams, octopuses and their kin; starfish, sea-urchins and their kin; and worms, among others.
Đường biểu diễn năng suất	Thông tin được biểu diễn trên đồ thị hoặc biểu đồ. Đường cong biểu thị năng suất của một máy cơ khi hoạt động, là một hàm số của hai biến số khác nhau trên trục tọa độ x và y. Thông thường được dùng để biểu thị năng suất của máy bơm hoặc động cơ khi vận hành dưới những điều kiện khác nhau.	Efficiency Curve	Data plotted on a graph or chart to indicate a third dimension on a two-dimensional graph. The lines indicate the efficiency with which a mechanical system will operate as a function of two dependent parameters plotted on the x and y axes of the graph. Commonly used to indicate the efficiency of pumps or motors under various operating conditions.
Este	Sản phẩm hữu cơ của phản ứng loại nước giữa rượu và axit. Este thường có mùi thơm dễ chịu.	Ester	A type of organic compound, typically quite fragrant, formed from the reaction of an acid and an alcohol.

Thuật Ngữ	Định Nghĩa	English	English
Gerotor (máy bơm răng trong)	Một loại máy bơm thủy lực.	Gerotor	A positive displacement pump.
Giai đoạn nhộng	Quá trình này diễn ra ở côn trùng biến thái hoàn toàn. Bốn giai đoạn của biến thái hoàn toàn bao gồm: Trứng, ấu trùng, nhộng, và dạng trưởng thành.	Pupa	The life stage of some insects undergoing transformation. The pupal stage is found only in holometabolous insects, those that undergo a complete metamorphosis, going through four life stages: embryo, larva, pupa and imago.
Giới hạn dòng chảy	Khi dòng chảy bị giới hạn và không thể được tăng cường bởi sự thay đổi áp suất. Dòng chảy thấp hơn giới hạn được gọi là dòng chảy dưới giới hạn, dòng chảy lớn hơn gọi là dòng chảy tới giới hạn.	Choked Flow	Choked flow is that flow at which the flow cannot be increased by a change in Pressure from before a valve or restriction to after it. Flow below the restriction is called Sub-Critical Flow, flow above the restriction is called Critical Flow.
Giống như máy quang phổ		Spectrophotometer	A Spectrometer
Hàng chục năm		Multidecadal	A timeline that extends across more than one decade, or 10-year, span.
Hằng số Froude	Số Froude hoặc là tiêu chuẩn Froude là một trong những tiêu chuẩn tương đồng khi xét tới chuyển động của chất lỏng và chất khí. Nó cũng có thể được định nghĩa là tỉ lệ giữa quán tính của một vật với trọng lực. Trong động lực học	Froude Number	A dimensionless number defined as the ratio of a characteristic velocity to a gravitational wave velocity. It may also be defined as the ratio of the inertia of a body to gravitational forces. In fluid mechanics, the Froude number

Thuật Ngữ	Định Nghĩa	English	English
	chất lưu, số Froude được dùng để xác định độ cản tác động lên vật di chuyển trên mặt nước.		is used to determine the resistance of a partially submerged object moving through a fluid.
Hệ số Hazen-Williams	Mối quan hệ giữa dòng chảy trong ống dẫn và tính chất vật lý của ống và sự thất thoát áp suất gây ra bởi lực ma sát.	Hazen-Williams Coefficient	An empirical relation-ship which relates the flow of water in a pipe with the physical properties of the pipe and the pressure drop caused by friction.
Hệ thống cống rãnh	Cơ sở hạ tầng dùng để vận chuyển nước thải, bao gồm ống dẫn, lỗ cống, bồn thu nước.	Sewerage	The physical infra-structure that conveys sewage, such as pipes, manholes, catch basins, and other components.
Hệ thống định vị toàn cầu	Hệ thống định vị sử dụng công nghệ vệ tinh để xác định thời gian và địa điểm dưới mọi điều kiện thời tiết, mọi nơi trên hoặc gần bề mặt trái đất, nơi mà sóng được truyền đi đến ít nhất bốn vệ tinh.	GPS	The Global Posi-tioning System; a space-based navi-gation system that provides location and time information in all weather conditions, anywhere on or near the Earth where there is a simultaneous unobstructed line of sight to four or more GPS satellites.
Hiện tượng cân bằng Các-bon	Điều kiện mà trong đó tổng lượng Các-bon đi-ô-xít hoặc các hợp chất có chứa Các-bon khác thải ra môi trường bên ngoài được cân bằng bằng các biện pháp nhằm giảm hoặc bù đắp lượng Các-bon thải ra.	Carbon Neutral	A condition in which the net amount of carbon dioxide or other carbon com-pounds emitted into the atmosphere or otherwise used during a process or action is balanced by actions taken, usually simul-taneously, to reduce or offset those emissions or uses.

Thuật Ngữ	Định Nghĩa	English	English
Hiện tượng càng hóa	Dạng liên kết giữa các ion và phân tử với ion kim loại, hình thành từ hai liên kết phức riêng biệt trở lên giữa các phối tử và nguyên tử đơn ở giữa.	Chelation	A type of bonding of ions and molecules to metal ions that involves the formation or presence of two or more separate coordinate bonds between a polydentate (multiple bonded) ligand and a single central atom; usually an organic compound.
Hiện tượng dao động khí hậu phương Nam	Hiện tượng này nói đến chu kì ấm lên và lạnh đi của nước biển trên bề mặt của vùng nhiệt đới và phía đông của Thái Bình Dương.	El Niño Southern Oscillation	The El Niño Southern Oscillation refers to the cycle of warm and cold temperatures, as measured by sea surface temperature, of the tropical central and eastern Pacific Ocean.
Hiện tượng dao động khí hậu phương Nam (viết tắt)		ENSO	El Niño Southern Oscillation
Hiện tượng mao dẫn	Hiện tượng chất lỏng tự dâng lên cao trong vùng không gian hẹp. Hiện tượng này được gây ra bởi hiện tượng lực dính ướt của dung dịch thắng được sức căng bề mặt của chất lỏng.	Capillarity	The tendency of a liquid in a capillary tube or absorbent material to rise or fall as a result of surface tension.
Hiệu quả chi phí	Thu được kết quả tốt từ vốn đầu tư ban đầu - hiệu quả (lợi nhuận).	Cost-Effective	Producing good results for the amount of money spent; economical or efficient.
Hiệu ứng Ennino	Chu kì ấm của hiện tượng dao động khí hậu phương Nam, liên quan đến các dòng biển ấm xuất phát từ giữa và phía đông của	El Niño	The warm phase of the El Niño Southern Oscillation, associated with a band of warm ocean water that develops in the central

Thuật Ngữ	Định Nghĩa	English	English
	Thái Bình Dương, bao gồm bờ biển phía tây nước Mỹ. Ennino thường đi kèm với áp suất cao ở phía tây Thái Bình Dương và áp suất thấp ở phía đông Đại Tây Dương.		and east-central equatorial Pacific, including off the Pacific coast of South America. El Niño is accompanied by high air pressure in the western Pacific and low air pressure in the eastern Pacific.
Hiệu ứng Lanina	Pha 'mát' của hiện tượng dao động khí hậu phương Nam, liên quan đến nhiệt độ nước biển phía đông Thái Bình Dương giảm xuống thấp hơn nhiệt độ trung bình, và áp suất cao ở phía đông Thái Bình Dương và áp suất thấp ở phía tây.	El Niña	The cool phase of El Niño Southern Oscillation associated with sea surface temperatures in the eastern Pacific below average and air pressures high in the eastern and low in western Pacific.
Hình thái học	Ngành sinh vật học chuyên nghiên cứu về các dạng và cấu trúc của sinh vật, điển hình cho loại sinh vật đó.	Morphology	The branch of biology that deals with the form and structure of an organism, or the form and structure of the organism thus defined.
Hồ	Hồ nhỏ ở núi, hình thành bởi băng hà.	Tarn	A mountain lake or pool, formed in a cirque excavated by a glacier.
Hố lên men	Hố nhỏ hình nón ở giữa thinh thoảng nằm dưới đáy của hồ xử lý nước thải để chất cặn bã đọng lại cho việc xử lý bằng vi sinh vật xảy ra dễ dàng hơn.	Fermentation Pits	A small, cone shaped pit sometimes placed in the bottom of wastewater treatment ponds to capture the settling solids for anaerobic digestion in a more confined, and therefore more efficient way.

Thuật Ngữ	Định Nghĩa	English	English
Hồ nước (mang tính tạm thời, mực nước thay đổi theo mùa)	Các hồ nước tạm thời tạo nên điều kiện sinh sống cho các loại thực vật và động vật đặc trưng; dạng đầm lầy thông thường không có cá, tạo điều kiện an toàn cho các loại lưỡng cư và côn trùng sinh sống và phát triển.	Vernal Pool	Temporary pools of water that provide habitat for distinctive plants and animals; a distinctive type of wetland usually devoid of fish, which allows for the safe development of natal amphibian and insect species unable to withstand competition or predation by open water fish.
Hợp chất dị vòng	Vòng cấu tạo bởi hơn một nguyên tố; thường gặp nhất là vòng Cacbon và ít nhất một nguyên tố khác.	Heterocyclic Ring	A ring of atoms of more than one kind; most commonly, a ring of carbon atoms containing at least one non-carbon atom.
Hợp chất hữu cơ dị vòng	Hợp chất hữu cơ cấu tạo bởi ít nhất hai nguyên tố khác nhau với cấu trúc dị vòng.	Heterocyclic Organic Compound	A heterocyclic compound is a material with a circular atomic structure that has atoms of at least two different elements in its rings.
Ion	Một nguyên tố hoặc nguyên tử mà trong đó số electron và proton không bằng nhau, làm cho điện tích của ion dương hoặc âm.	Ion	An atom or a molecule in which the total number of electrons is not equal to the total number of protons, giving the atom or molecule a net positive or negative electrical charge.
Khí động lực học	Có hình dạng giúp giảm sự cản trở của không khí, nước hoặc các chất lỏng trên đường di chuyển.	Aerodynamic	Having a shape that reduces the drag from air, water or any other fluid moving past the object.
Khí nhà kính	Khí thải trong không khí hấp thụ và phát ra bức xạ nhiệt dưới dạng tia hồng ngoại	Greenhouse Gas	A gas in an atmosphere that absorbs and emits radiation within the thermal

Thuật Ngữ	Định Nghĩa	English	English
	gây nhiệt; thường liên quan đến sự phá hủy của tầng ô-zone trong thượng tầng khí quyển và nhiệt bị kẹt trong không khí dẫn đến hiện tượng ấm lên toàn cầu.		infrared range; usually associated with destruction of the ozone layer in the upper atmosphere of the earth and the trapping of heat energy in the atmosphere leading to global warming.
Khối sinh vật / Nhiên liệu sinh khối	Chất hữu cơ tạo bởi sinh vật và vi sinh vật.	Biomass	Organic matter derived from living, or recently living, organisms
Khử muối	Sự loại muối ra khỏi dung dịch, tạo thành nước uống.	Desalination	The removal of salts from a brine to create a potable water.
Kinh tế học	Mảng kiến thức đề cập đến sự sản xuất, tiêu dùng, và sự luân chuyển của cải.	Economics	The branch of knowledge concerned with the production, consumption, and transfer of wealth.
Làm ô nhiễm	Động từ có nghĩa là thêm vào một hóa chất hay hợp chất vào một chất tinh khiết.	Contaminate	A verb meaning to add a chemical or compound to an otherwise pure substance.
Lidar	Loại radar sử dụng tia la-de để đo khoảng cách và phân tích ánh sáng bị phản hồi lại.	Lidar	Lidar (also written LIDAR, LiDAR or LADAR) is a remote sensing technology that measures distance by illuminating a target with a laser and analyzing the reflected light.
Liên kết cộng hóa trị phối hợp	Liên kết cộng hóa trị giữa hai nguyên tố mà trong đó các điện tử chia sẻ chỉ đến từ một nguyên tử duy nhất.	Coordinate Bond	A covalent chemical bond between two atoms that is produced when one atom shares a pair of electrons with another atom lacking such a pair. Also, called a coordinate covalent bond.

Thuật Ngữ	Định Nghĩa	English	English
Lò phản ứng sinh học	Bể chứa, hồ mà trong đó phản ứng sinh học xảy ra, thường thấy trong công nghệ lọc nước hoặc quá trình xử lý nước thải.	Bioreactor	A tank, vessel, pond or lagoon in which a biological process is being performed, usually associated with water or waste-water treatment or purification.
Lọc sinh học	Công nghệ xử lý ô nhiễm bằng cách sử dụng vi sinh để lọc và phân hủy chất thải.	Biofiltration	A pollution control technique using living material to capture and biologically degrade process pollutants.
Lõm lòng chảo	Đầm trũng tạo bởi vật liệu kết đọng khi băng hà rút đi. Lõm lòng chảo là kết quả của những tảng băng nằm phía trước của băng hà (trong quá trình rút đi) bị chôn vùi hoàn toàn hoặc bán hoàn toàn bởi trầm tích băng hà.	Kettle Hole	A shallow, sediment-filled body of water formed by retreating glaciers or draining floodwaters. Kettles are fluvioglacial land-forms occurring as the result of blocks of ice calving from the front of a receding glacier and becoming par-tially to wholly buried by glacial outwash.
Lực hướng tâm	Lực hướng tâm là một loại lực cần để làm cho một vật đi theo một quỹ đạo cong. Lực hướng tâm luôn luôn vuông góc với hướng chuyển động của vật, và hướng vào tâm đường tròn tức thời tại thời điểm đó.	Centripetal Force	A force that makes a body follow a curved path. Its direction is always at a right angle to the motion of the body and towards the instantaneous center of curvature of the path. Isaac Newton described it as "a force by which bodies are drawn or impelled, or in any way tend, towards a point as to a centre."

Thuật Ngữ	Định Nghĩa	English	English
Lực ly tâm	Lực ly tâm là một lực quán tính xuất hiện trên mọi vật nằm yên trong hệ quy chiếu quay so với một hệ quy chiếu quán tính. Cũng có thể hiểu lực ly tâm là phản lực của lực hướng tâm tác động vào vật đang chuyển động theo một đường cong.	Centrifugal Force	A term in Newtonian mechanics used to refer to an inertial force directed away from the axis of rotation that appears to act on all objects when viewed in a rotating reference frame.
Lực quay	Xu hướng của một lực tác động lên vật làm cho vật đó xoay quanh trục hoặc điểm xoay.	Torque	The tendency of a twisting force to rotate an object about an axis, fulcrum, or pivot.
Màng lọc dùng phản ứng vi sinh	Công nghệ xử lý nước thải bằng cách sử dụng vi khuẩn kị khí để phân tách chất thải thành các dạng rắn - lỏng – khí.	Anaerobic Membrane Bioreactor	A high-rate anaerobic wastewater treatment process that uses a membrane barrier to perform the gas-liquid-solids separation and reactor biomass retention functions.
Màng lọc phản ứng	Thiết bị lọc cơ học áp dụng những phản ứng hóa học để loại bỏ các chất bẩn và lọc các sản phẩm kết tủa từ những phản ứng hóa học đó.	Membrane Reactor	A physical device that combines a chemical conversion process with a membrane separation process to add reactants or remove products of the reaction.
Màng lọc sinh học	Xem hệ thống lọc sinh học nhỏ giọt.	Biofilter	See: Trickling Filter
Màng lọc vi sinh	Sự ứng dụng kết hợp giữa hệ thống lọc và phân hủy chất thải bằng cách sử dụng vi sinh vật.	Membrane Bioreactor	The combination of a membrane process like microfiltration or ultrafiltration with a suspended growth bioreactor.

Thuật Ngữ	Định Nghĩa	English	English
Màng phủ sinh học	Nhóm vi sinh vật mà trong đó, các tế bào liên kết với nhau trên một bề mặt (giống như trên bề mặt của hệ thống lọc nhỏ giọt).	Biofilm	Any group of microorganisms in which cells stick to each other on a surface, such as on the surface of the media in a trickling filter or the biological slime on a slow sand filter.
Máy bơm nhu động	Một loại máy bơm được dùng để bơm các loại chất lỏng khác nhau. Chất lỏng được chứa trong một ống dẻo, dễ uốn. Ống này nằm trong khoang máy bơm. Khi máy hoạt động, các bánh lăn sẽ liên tục ép ống dẻo, đẩy chất lỏng theo một chiều nhất định.	Peristaltic Pump	A type of positive displacement pump used for pumping a variety of fluids. The fluid is contained within a flexible tube fitted inside a (usually) circular pump casing. A rotor with a number of "rollers", "shoes", "wipers", or "lobes" attached to the external circumference of the rotor compresses the flexible tube sequentially, causing the fluid to flow in one direction.
Máy đo sắc phổ của khí	Loại máy dùng để đo nồng độ của hợp chất hữu cơ dễ bay hơi trong không khí.	GC	Gas Chromatograph—an instrument used to measure volatile and semi-volatile organic compounds in gases.
Máy hấp thụ quang phổ nguyên tử trắc quang	Thiết bị dùng để kiểm tra các nguyên tố kim loại đặc thù trong đất và chất lỏng.	AA	Atomic Absorption Spectrophotometer; an instrument to test for specific metals in soils and liquids.
Máy phối khổ		MS	A Mass Spectrophotometer
Máy quang phổ	Một thiết bị dùng trong phòng thí nghiệm để đo độ đậm đặc của các chất bẩn trong nước bằng cách thay đổi màu của chất	Spectrometer	A laboratory instrument used to measure the concentration of various contaminants in liquids by chemically altering the color

Thuật Ngữ	Định Nghĩa	English	English
	bản cần kiểm tra và chiếu ánh sáng qua mẫu chất lỏng. Các phép tính được lập trình sẵn đọc cường độ và mật độ của màu trong chất lỏng để biểu thị nồng độ của chất bẩn.		of the contaminant in question and then passing a light beam through the sample. The specific test programmed into the instrument reads the intensity and density of the color in the sample as a concentration of that contaminant in the liquid.
Máy sắc phổ và phối khổ		GC-MS	A GC coupled with an MS
Mây ti (mây Cirrus)	Kiểu mây được đặc trưng bởi các dải mỏng, tương tự như túm tóc, lông. Thường hình thành ở độ cao trên 5,500 m.	Cirrus Cloud	Cirrus clouds are thin, wispy clouds that usually form above 18,000 feet.
Mây vũ tích	Một loại mây dày đặc phát triển theo phương thức thẳng đứng rất cao liên quan đến giông và sự bất thường khí quyển, hình thành do sự ngưng tụ của hơi nước hơi nước được mang lên từ các dòng khí mạnh từ dưới lên.	Cumulonimbus Cloud	A dense, towering, vertical cloud associated with thunderstorms and atmospheric instability, formed from water vapor carried by powerful upward air currents.
Methyl-tert-Butyl Ether		MtBE	Methyl-tert-Butyl Ether
Mili đương lượng	Một phần nghìn của đương lượng của một chất hay hợp chất.	Milliequivalent	One thousandth (10^{-3}) of the equivalent weight of an element, radical, or compound.
Mol	Lượng hóa chất có trong một chất mà tổng số nguyên tử, phân tử, hay ion bằng với số lượng nguyên tử có trong 12 gram của đồng vị Cacbon	Mole (Chemistry)	The amount of a chemical substance that contains as many atoms, molecules, ions, electrons, or photons, as there are atoms in 12 grams

Thuật Ngữ	Định Nghĩa	English	English
	12, theo định nghĩa, đồng vị Cacbon 12 có khối lượng nguyên tử là 12. Đại lượng này được biểu diễn bằng hằng số Avogrado với giá trị: $6.0221412927 \times 10^{23}$ mol^{-1}.		of carbon-12 (^{12}C), the isotope of carbon with a relative atomic mass of 12 by definition. This number is expressed by the Avogadro constant, which has a value of $6.0221412927 \times 10^{23}$ mol^{-1}.
Mực nước ngầm	Độ sâu mà các lỗ trống trong lòng đất và vết nứt trong đá được bão hòa bởi nước.	Groundwater Table	The depth at which soil pore spaces or fractures and voids in rock become . completely saturated with water.
Muối	Sản phẩm thu được từ sự phản ứng giữa một a-xit và một ba-giơ, trong đó một hay nhiều phần hi-đrô được thay thế bởi một hay nhiều ion kim loại.	Salt (Chemistry)	Any chemical compound formed from the reaction of an acid with a base, with all or part of the hydrogen of the acid replaced by a metal or other cation.
Nếp lồi	Một nếp uốn có phần đỉnh nhô lên trên và đá cổ nhất thì nằm ở nhân nếp uốn.	Anticline	A type of geologic fold that is an arch-like shape of layered rock which has its oldest layers at its core.
Ngoại ký sinh thực vật	Loại thực vật không mọc từ mặt đất mà bám vào cây khác hoặc vật khác, tiếp nhận nước và chất dinh dưỡng từ mưa, không khí, và bụi.	Epiphyte	A plant that grows above the ground, supported non-parasitically by another plant or object and deriving its nutrients and water from rain, air, and dust; an "Air Plant."
Nhà thủy văn học		Hydrologist	A practitioner of hydrology
Nhân chủng học	Ngành khoa học nghiên cứu sự tồn tại và lịch sử loài người.	Anthropology	The study of human life and history.

Thuật Ngữ	Định Nghĩa	English	English
Nhiên liệu sinh học	Khác với nhiên liệu hóa thạch (than, dầu khí), nhiên liệu sinh học được tạo ra bởi áp dụng công nghệ sinh học như là quá trình (anaerobic digestion).	Biofuel	A fuel produced through current biological processes, such as anaerobic digestion of organic matter, rather than being produced by geological processes such as fossil fuels, such as coal and petroleum.
Nhiệt động lực	Một lượng trong nhiệt động lực học biểu diễn sự giảm đi của nhiệt lượng bởi sự chuyển đổi từ nhiệt lượng sang động năng, thông thường được đo lường dựa theo 'sự lộn xộn' hay 'tính bừa' thể hiện trong một hệ. Nhiệt động lực của một hệ kín không bao giờ giảm đi (bảo toàn).	Entropy	A thermodynamic quantity representing the unavailability of the thermal energy in a system for conversion into mechanical work, often interpreted as the degree of disorder or randomness in the system. According to the second law of thermodynamics, the entropy of an isolated system never decreases.
Nhiệt động lực học	Ngành học vật lý nghiên cứu nhiệt lượng và nhiệt độ và mối quan hệ của chúng đến năng lượng và công.	Thermodynamics	The branch of physics concerned with heat and temperature and their relation to energy and work.
Nhiệt lượng	Đơn vị đo năng lượng.	Enthalpy	A measure of the energy in a thermodynamic system.
Nhiệt phân	Sự cháy hoặc quá trình ô-xy hóa yếm khí xảy ra một cách nhanh chóng của một hợp chất hữu cơ.	Pyrolysis	Combustion or rapid oxidation of an organic substance in the absence of free oxygen.
Nhịp ngày đêm	Xảy ra hằng ngày (như hoạt động hằng ngày), hoặc có chu kì hằng ngày (chu kì thủy triều).	Diurnal	Recurring every day, such as diurnal tasks, or having a daily cycle, such as diurnal tides.

Thuật Ngữ	Định Nghĩa	English	English
Nhu cầu Ô-xi hóa học	Chỉ số đo lường được sử dụng để đo gián tiếp khối lượng của các chất ô nhiễm hữu cơ tìm thấy trong nước.	COD	Chemical Oxygen Demand; a measure of the strength of chemical contaminants in water.
Nhu cầu Ô-xi sinh học	Chỉ số được sử dụng để quản lý và khảo sát chất lượng nước.	BOD	Biological Oxygen Demand; a measure of the strength of organic contaminants in water.
Nồng độ	Khối lượng của một hóa chất, hợp chất có trong một đơn vị thể tích của một hóa chất, hợp chất khác.	Concentration	The mass per unit of volume of one chemical, mineral or compound in another.
Nồng độ chất	Xem nồng độ mol.	Substance Concentration	See: Molarity
Nồng độ Mol	Nồng độ Mol.	Amount Concentration	Molarity
Nồng độ Mol	Mole, hay nồng độ mol, được dùng để đo nồng độ của một chất tan trong một dung dịch. Đơn vị: 1 mol/L = 1 M.	Molarity	Molarity is a measure of the concentration of a solute in a solution, or of any chemical species in terms of the mass of substance in a given volume. A commonly used unit for molar concentration used in chemistry is mol/L. A solution of concentration 1 mol/L is also denoted as 1 molar (1 M).
Nồng độ phân tử	Dùng để đo nồng độ của chất hòa tan trong một dung dịch được biểu diễn bằng đơn vị khối lượng chất tan (g) trên khối lượng dung môi (kg).	Molality	Molality, also called molal concentration, is a measure of the concentration of a solute in a solution in terms of amount of substance in a specified mass of the solvent.

Thuật Ngữ	Định Nghĩa	English	English
Nước cứng	Tổng lượng ion Can-xi và Ma-giê trong nước; các kim loại khác cũng góp phần làm nước cứng nhưng thông thường hàm lượng của chúng không đáng kể.	Water Hardness	The sum of the Calcium and Magnesium ions in the water; other metal ions also contribute to hardness but are seldom present in significant concentrations.
Nước đen (Nước cống)	Nước thải bao gồm chất thải sinh hoạt.	Black water	Sewage or other wastewater contaminated with human wastes.
Nước lân cận	Nước bị kẹt gần hoặc bám vào đất hoặc các hạt chất thải hữu cơ.	Vicinal Water	Water which is trapped next to or adhering to soil or biosolid particles
Nước ngầm	Mạch nước ngầm nằm dưới các lớp đất, đá và được tích trữ trong các khoang trống (giữa các vết nứt của đá).	Groundwater	Groundwater is the water present beneath the Earth surface in soil pore spaces and in the fractures of rock formations.
Nước thải	Chất thải dạng nước, hòa tan hoặc lơ lửng trong nước, thông thường bao gồm chất bài tiết của người và các chất thải khác.	Sewage	A water-borne waste, in solution or suspension, generally including human excrement and other wastewater components.
Nước thải	Nước bị ô nhiễm và không còn phù hợp cho việc sử dụng với mục đích ban đầu.	Wastewater	Water which has become contaminated and is no longer suitable for its intended purpose.
Nước xám/ cống	Nước thải sinh hoạt từ nhà tắm, bếp, máy giặt (không có tiếp xúc với phân).	Grey Water	Greywater is gently used water from bathroom sinks, showers, tubs, and washing machines. It is water that has not come into contact with feces, either from the toilet or from washing diapers.

Thuật Ngữ	Định Nghĩa	English	English
Ống đốt	Sự đốt cháy của các loại khí dễ cháy thải ra từ các nhà máy sản xuất hoặc bãi thải nhằm mục đích giảm sự ô nhiễm không khí từ các khí thải này.	Flaring	The burning of flammable gasses released from manufacturing facilities and landfills to prevent pollution of the atmosphere from the released gases.
Ống nano	Ống nano được tạo ra bởi các nguyên tử, với đường kính trong hàng nanomet. Ống nano có thể được chế tạo từ các vật liệu khác nhau nhưng thông dụng nhất là từ Cacbon.	Nanotube	A nanotube is a cylinder made up of atomic particles and whose diameter is around one to a few billionths of a meter (or nanometers). They can be made from a variety of materials, most commonly, Carbon.
Ống nano Các-bon	Xem Ống Nano.	Carbon Nanotube	See: Nanotube
Ô-zôn hóa (trong xử lý)	Phương pháp xử lý hoặc trộn lẫn một chất (hoặc hợp chất) với Ô-zôn.	Ozonation	The treatment or combination of a substance or compound with ozone.
Phần bên ngoài khí quyển	Một khí mỏng vùng gần giống với khí quyển trái Đất bao bọc lấy trái Đất, tại đó các phân tử khí được giữ lại bởi trọng lực nhưng nồng độ quá loãng để chúng tương tác như khí (bằng cách va chạm vào nhau).	Exosphere	A thin, atmosphere-like volume surrounding Earth where molecules are gravitationally bound to the planet, but where the density is too low for them to behave as a gas by colliding with each other.
Phần lỗ rỗng	Khoảng trống nằm giữa các hạt đất trong một hỗn hợp đất hoặc mặt cắt đất.	Pore Space	The interstitial spaces between grains of soil in a soil mixture or profile.
Phản ứng khử	Sự tăng một hay nhiều electron của một phân tử, nguyên tố, hoặc ion trong một phản ứng hóa học.	Chemical Reduction	The gain of electrons by a molecule, atom or ion during a chemical reaction.

Thuật Ngữ	Định Nghĩa	English	English
Phản ứng O-xi hóa	Sự mất đi một hay nhiều electron của một phân tử, nguyên tố, hoặc ion trong một phản ứng hóa học.	Chemical Oxidation	The loss of electrons by a molecule, atom or ion during a chemical reaction.
Phản ứng thu nhiệt	Quá trình hay phản ứng mà trong đó năng lượng bên ngoài được hấp thụ bởi hệ; thông thường dưới dạng nhiệt lượng.	Endothermic Reactions	A process or reaction in which a system absorbs energy from its surroundings; usually, but not always, in the form of heat.
Phản ứng tỏa nhiệt	Phản ứng hóa học mà theo đó, năng lượng được giải phóng dưới dạng nhiệt hoặc ánh sáng.	Exothermic Reactions	Chemical reactions that release energy by light or heat.
Phối tử	Hợp chất (thông thường là phân tử hữu cơ) liên kết với kim loại nặng ở giữa tại hai liên kết hoặc nhiều hơn.	Chelate	A compound containing a ligand (typically organic) bonded to a central metal atom at two or more points.
Phối tử	Trong hóa học, một ion hay nguyên tử liên kết với một nguyên tố kim loại bởi liên kết phối hợp. Trong hóa sinh, một phân tử liên kết với một phân tử khác (thông thường lớn hơn).	Ligand	In chemistry, an ion or molecule attached to a metal atom by coordinate bonding. In biochemistry, a molecule that binds to another (usually larger) molecule.
Phối tử	Một nguyên tử, phân tử, hay nhóm ion liên kết với một nguyên tử trung tâm của một phân tử tạo thành một hợp chất.	Polydentate	Attached to the central atom in a coordination complex by two or more bonds—See: Ligands and Chelates.
Phong hóa	Quá trình phân hủy, oxi hóa, mục, gỉ của một khoáng vật do các hiện tượng thời tiết.	Weathering	The oxidation, rusting, or other degradation of a material due to weather effects.

Thuật Ngữ	Định Nghĩa	English	English
Phóng lưu	Sự phóng ra, bắn ra của chất lỏng, ánh sáng, hoặc mùi; thông thường đi kèm với sự rò rỉ tương đối nhỏ.	Effusion	The emission or giving off of something such as a liquid, light, or smell, usually associated with a leak or a small discharge relative to a large volume.
Phú dưỡng	Sự phản ứng của một hệ sinh thái với sự thêm chất dinh dưỡng (nhân tạo hoặc tự nhiên), chủ yếu là hợp chất nitrat và phốt-phát vào một hệ thủy sinh; ví dụ như 'sự bùng nổ' hoặc sự nhân lên nhanh chóng của thực vật nổi trong nước nhờ vào sự tăng cường của chất dinh dưỡng. Hiện tượng này thường được dùng để diễn tả độ tuổi của một hệ sinh thái, và sự thay đổi từ hồ nước tự nhiên, đến vùng đầm lầy, rồi hình thành rừng ngập nước, đến vùng đất sình, và cuối cùng là vùng đất cao của trong khu rừng.	Eutrophication	An ecosystem response to the addition of artificial or natural nutrients, mainly nitrates and phosphates to an aquatic system; such as the "bloom" or great increase of phytoplankton in a water body as a response to increased levels of nutrients. The term usually implies an aging of the ecosystem and the transition from open water in a pond or lake to a wetland, then to a marshy swamp, then to a Fen, and ultimately to upland areas of forested land.
Phương pháp khối phổ	Một phương pháp dùng để phân tích thành phần của hỗn hợp, ánh sáng được chiếu qua dung dịch mẫu để xác định nồng độ của chất tạp trong dung dịch.	Mass Spectroscopy	A form of analysis of a compound in which light beams are passed through a prepared liquid sample to indicate the concentration of specific contaminants present.
Phương thức làm mềm nước	Sự loại bỏ Can-xi và Ma-giê ra khỏi nước, cùng với các loại ion kim loại khác.	Water Softening	The removal of Calcium and Magnesium ions from water (along with any other significant metal ions present).

Thuật Ngữ	Định Nghĩa	English	English
Phương trình tiếp diễn	Dựa vào định luật bảo toàn khối lượng trong vật lý, thủy lực, vv… để tính sự thay đổi pha của vật chất mà trong đó, tổng khối lượng của hệ được bảo toàn.	Continuity Equation	A mathematical expression of the Conservation of Mass theory; used in physics, hydraulics, etc., to calculate changes in state that conserve the overall mass of the system being studied.
Polychlorinated Biphyenyl	Là một nhóm các hợp chất nhân tạo có nguy cơ gây hại cho môi trường và sức khỏe	PCB	Polychlorinated Biphenyl
Quá trình đoạn nhiệt	Quá trình nhiệt lượng diễn ra trong một khoảng thời gian nhất định và nhiệt lượng toàn phần không thay đổi.	Adiabatic Process	A thermodynamic process that occurs without transfer of heat or matter between a system and its surroundings.
Quá trình nhiệt động lực	Quá trình chuyển đổi trạng thái của một hệ nhiệt động lực từ giai đoạn bắt đầu đến kết thúc quá trình cân bằng nhiệt động lực	Thermodynamic Process	The passage of a thermodynamic system from an initial to a final state of thermodynamic equilibrium.
Quá trình quang hợp	Quá trình xảy ra ở thực vật và một vài hệ sinh vật khác chuyển đổi năng lượng ánh sáng, thông thường từ mặt trời, sang năng lượng hóa học và được hấp thụ bởi sinh vật đó để phát triển và sinh sản.	Photosynthesis	A process used by plants and other organisms to convert light energy, normally from the Sun, into chemical energy that can be used by the organism to drive growth and propagation.
Quá trình xúc tác	Làm thay đổi tốc độ phản ứng của một phản ứng hóa học nhờ vào sự tham gia của chất xúc tác. Chất xúc tác không bị mất đi trong quá trình phản ứng nhưng làm thay đổi tốc độ phản ứng.	Catalysis	The change, usually an increase, in the rate of a chemical reaction due to the participation of an additional substance, called a catalyst, which does not take part in the reaction but changes the rate of the reaction.

Thuật Ngữ	Định Nghĩa	English	English
Quán tính	Lực cảm nhận được bởi vật cùng với hệ quy chiếu của một vật khác chuyển động hoặc chuyển tốc, khẳng định định luật Newton về động lực học. Ví dụ như vật bị đẩy ra phía sau của xe khi xe tăng tốc.	Inertial Force	A force as perceived by an observer in an accelerating or rotating frame of reference, that serves to confirm the validity of Newton's laws of motion, e.g. the perception of being forced backward in an accelerating vehicle.
Quặng dạng thấu kính	Khoang trống nằm giữa các lớp đá, nơi mà chất lỏng (thông thường là dầu khoáng) có thể tích tụ.	Lens Trap	A defined space within a layer of rock in which a fluid, typically oil, can accumulate.
Ra-đa	Hệ thống dò tìm sử dụng sóng radio để xác định phạm vi, góc, hoặc vật tốc của vật.	Radar	An object-detection system that uses radio waves to determine the range, angle, or velocity of objects.
Radar xuyên đất		GPR	Ground Penetrating Radar
Ranh giới giữa tầng trung lưu và thượng tầng nhiệt của bầu khí quyển		Mesopause	The boundary between the mesosphere and the thermosphere.
Sinh thái học	Quá trình nghiên cứu và khảo sát mối liên hệ giữa những hệ sinh học và môi trường xung quanh chúng.	Ecology	The scientific analysis and study of interactions among organisms and their environment.
Sinh vật chỉ thị	Nhóm vi sinh vật tồn tại song song với sinh vật gây bệnh. Chúng tồn tại khi các sinh vật gây bệnh tồn tại, và mất đi khi các sinh vật gây bệnh mất đi.	Indicator Organism	An easily measured organism that is usually present when other pathogenic organisms are present and absent when the pathogenic organisms are absent.
Sinh vật sống nhờ vào hợp chất dị vòng	Các loài sinh vật mà nguồn dinh dưỡng được cung cấp bởi các	Hetero-trophic Organism	Organisms that utilize organic compounds for nourishment.

Thuật Ngữ	Định Nghĩa	English	English
	hợp chất hữu cơ dị vòng.		
Sinh vật tự dưỡng	Loại thực vật vi sinh mà thông qua quá trình quang hợp, tạo nên hợp chất hữu cơ để tự nuôi sống.	Autotrophic Organism	A typically microscopic plant capable of synthesizing its own food from simple organic substances.
Sinh vật tùy ý (không bắt buộc)	Nhóm vi sinh vật có thể nhân giống dưới cả sự hiện hữu hoặc mất đi của Oxi; thông thường thì một trong hai điều kiện sau sẽ xảy ra: vi khuẩn ưa khí không bắt buộc, hoặc vi khuẩn kị khí không bắt buộc.	Facultative Organism	An organism that can propagate under either aerobic or anaerobic conditions; usually one or the other conditions is favored: as Facultative Aerobe or Facultative Anaerobe.
Số Reynold	Một giá trị không thứ nguyên biểu thị độ lớn tương đối giữa ảnh hưởng gây bởi lực quán tính và lực ma sát trong (tính nhớt) lên dòng chảy. Số Reynold được dùng trong sự trao đổi nhiệt, quán tính, và khối lượng để giải thích động lực tương đồng.	Reynold's Number	A dimensionless number indicating the relative turbulence of flow in a fluid. It is proportional to {(inertial force) / (viscous force)} and is used in momentum, heat, and mass transfer to account for dynamic similarity.
Sự đông	Sự hình thành kết tủa của chất rắn hòa tan trong quá trình xử lý nước, nước thải.	Coagulation	The coming together of dissolved solids into fine suspended particles during water or wastewater treatment.
Sự kết bông sinh học / Sự keo tụ sinh học	Vi khuẩn và tảo làm các phần tử hữu cơ kết dính với nhau và lắng đọc xuống đáy.	Bioflocculation	The clumping together of fine, dispersed organic particles by the action of specific bacteria and algae, often resulting in faster and more complete settling of organic solids in wastewater.

Thuật Ngữ	Định Nghĩa	English	English
Sự kết bông sinh học	Hiện tượng các chất trôi lơ lửng trong nước kết lại với nhau thành các phần tử đủ lớn để lắng đọng.	Flocculation	The aggregation of fine suspended particles in water or wastewater into particles large enough to settle out during a sedimentation process.
Sự kết tụ	Diễn ra khi các phần tử hòa tan trong nước hoặc nước thải liên kết lại với nhau tạo nên các phần tử lớn hơn, kết tủa và lắng tụ.	Agglomeration	The coming together of dissolved particles in water or wastewater into suspended particles large enough to be flocculated into settlable solids.
Sự lắng đọng	Xu hướng mà các vật chất trong nước lắng xuống do sức hút của trái đất, hoặc dưới tác động của lực ly tâm, hoặc điện từ trường.	Sedimentation	The tendency for particles in suspension to settle out of the fluid in which they are entrained and come to rest against a barrier due to the forces of gravity, centrifugal acceleration, or electromagnetism.
Sự oxi hóa-khử	Phản ứng oxi hóa luôn đi kèm với phản ứng khử. Phản ứng oxi hóa-khử bao gồm các phản ứng hóa học mà trong đó có sự thay đổi hóa trị. Nói cách khác, phản ứng oxi-hóa khử liên quan đến sự trao đổi electron giữa các chất phản ứng.	Redox	A contraction of the name for a chemical reduction-oxidation reaction. A reduction reaction always occurs with an oxidation reaction. Redox reactions include all chemical reactions in which atoms have their oxidation state changed; in general, redox reactions involve the transfer of electrons between chemical species.
Sự quy đổi sang mệnh giá tiền tệ	Quá trình chuyển đổi giá trị của các yếu tố không có tính tiền tệ sang giá trị trên mặt	Monetization	The conversion of non-monetary factors to a standardized monetary value for

Thuật Ngữ	Định Nghĩa	English	English
	tiền tệ với mục đích so sánh giá trị của chúng.		purposes of equitable comparison between alternatives.
Sự tạo ra lỗ hổng (chỗ trống)	Sự hình thành khoảng trống (có chứa hơi nước), hoặc bong bóng nhỏ trong chất lỏng khi chịu các lực tác động. Thông thường hiện tượng này xảy ra khi áp suất thay đổi đột ngột tác động lên chất lỏng, ví dụ như bề mặt trong của máy bơm, tạo nên bọt khí nơi mà áp suất tương đối thấp.	Cavitation	Cavitation is the formation of vapor cavities, or small bubbles, in a liquid as a consequence of forces acting upon the liquid. It usually occurs when a liquid is subjected to rapid changes of pressure, such as on the back side of a pump vane, that cause the formation of cavities where the pressure is relatively low.
Sự thẩm thấu	Sự dịch chuyển của các phần tử hòa tan xuyên qua màng ngăn nhằm làm cân bằng nồng độ của chất tan trong dung dịch hai bên màng ngăn.	Osmosis	The spontaneous net movement of dissolved molecules through a semi-permeable membrane in the direction that tends to equalize the solute concentrations both sides of the membrane.
Sự tổng hợp	Sự kết hợp của các phần rời rạc với nhau để tạo nên một vật hoàn chỉnh; sự chế tạo một hợp chất mới bằng sự kết hợp hoặc phân hủy của các chất hóa học, nhóm, hoặc hợp chất, hoặc kết hợp các ý tưởng khác nhau thành một thể nhất quán.	Synthesis	The combination of disconnected parts or elements so as to form a whole; the creation of a new substance by the combination or decomposition of chemical elements, groups, or compounds; or the combining of different concepts into a coherent whole.
Tác nhân gây bệnh	Một sinh vật, thông thường là vi khuẩn hoặc vi-rút gây ra hoặc có khả năng gây ra bệnh ở người.	Pathogen	An organism, usually a bacterium or a virus, which causes, or is capable of causing, disease in humans.

Thuật Ngữ	Định Nghĩa	English	English
Tác nhân tạo phức càng	Tác nhân tạo phức càng là đơn chất hay hợp chất phản ứng với kim loại mạnh, làm thay đổi thành phần hóa học và cải thiện tính phản ứng với các kim loại hay vật chất khác. Khi hiện tượng này xảy ra, kim loại đó được gọi là chất phức càng.	Chelating Agents	Chelating agents are chemicals or chemical compounds that react with heavy metals, rearranging their chemical composition and improving their likelihood of bonding with other metals, nutrients, or substances. When this happens, the metal that remains is known as a "chelate."
Tải lượng chất lỏng	Thể tích chất lỏng đầu vào của một hệ thống lọc, đất, hoặc hệ thống khác trên 1 đơn vị diện tích trên 1 đơn vị thời gian (ví dụ gallons/square foot/minute)	Hydraulic Loading	The volume of liquid that is discharged to the surface of a filter, soil, or other material per unit of area per unit of time, such as gallons/square foot/minute.
Tầng bình lưu	Lớp khí quyển chính thứ hai của bầu khí quyển trái đất, phía trên tầng đối lưu và dưới tầng giữa khí quyển.	Stratosphere	The second major layer of Earth atmosphere, just above the troposphere, and below the mesosphere.
Tầng đối lưu	Phần thấp nhất của bầu khí quyển trái đất; chứa đựng khoảng 75% khối lượng không khí và 99% hơi nước và sol khí. Độ dày trung bình khoảng 17 km ở vùng ôn đới, lên đến khoảng 20 km ở vùng xích đạo, và khoảng 7 km ở vùng cận cực vào mùa đông.	Troposphere	The lowest portion of atmosphere; containing about 75% of the atmospheric mass and 99% of the water vapor and aerosols. The average depth is about 17 km (11 mi) in the middle latitudes, up to 20 km (12 mi) in the tropics, and about 7 km (4.3 mi) near the polar regions, in winter.
Tầng ngậm nước	Lớp nước dưới đất nằm ở trong đá thấm nước hoặc đất xốp có	Aquifer	A unit of rock or an unconsolidated soil deposit that can yield

Thuật Ngữ	Định Nghĩa	English	English
	thể chứa đựng một khoảng nước sử dụng được.		a usable quantity of water.
Tầng nhiệt lưu	Lớp khí quyển của trái đất nằm ngay trên tầng giữa và nằm dưới tầng ngoài khí quyển. Ở tầng này, tia cực tím gây nên sự quang hóa và quang ly của các phân tử. Tầng nhiệt lưu nằm ở độ cao khoảng 85 ki-lo-mét từ bề mặt trái đất.	Thermo-sphere	The layer of Earth atmosphere directly above the mesosphere and directly below the exosphere. Within this layer, ultraviolet radiation causes photoionization and photodissociation of molecules present. The thermosphere begins about 85 kilometers (53 mi) above the Earth.
Tầng trung lưu	Lớp khí quyển thứ ba nằm ngay phía trên tầng bình lưu và ngay phía dưới tầng nhiệt. Ranh giới trên giữa tầng trung lưu và tầng nhiệt có thể là nơi lạnh nhất trong khí quyển trái đất với nhiệt độ thấp đến −100°C (−146°F hay 173K).	Mesosphere	The third major layer of Earth atmosphere that is directly above the stratopause and directly below the mesopause. The upper boundary of the mesosphere is the mesopause, which can be the coldest naturally occurring place on Earth with temperatures as low as −100°C (−146°F or 173K).
Thẩm mỹ học	Ngành học chuyên về sắc đẹp, tìm hiểu nghệ thuật.	Aesthetics	The study of beauty and taste, and the interpretation of works of art and art movements.
Than bùn	Vật chất hữu cơ hình thành từ sự phân hủy không hoàn toàn tàn dư thực vật; được sử dụng rộng rãi để bón phân hoặc nhiên liệu.	Peat (Moss)	A brown, soil-like material characteristic of boggy, acid ground, consisting of partly decomposed vegetable matter; widely cut and dried for use in gardening and as fuel.

Thuật Ngữ	Định Nghĩa	English	English
Than sinh học	Than chuyên dụng được sản xuất để làm màu mỡ đất.	Biochar	Charcoal used as a soil supplement.
Thiết bị lọc nhỏ giọt	Phương pháp xử lý nước thải bao gồm một lớp đá, than cốc, sỏi, xi, rêu nước, gốm, hoặc môi trường trung gian bằng nhựa. Nước thải chảy (nhỏ giọt) xuống từ từ, tạo nên một lớp màng vi khuẩn trên bề mặt của môi trường trung gian. Sự phát triển của vi khuẩn làm loại bỏ đi các chất hữu cơ và vô cơ cũng như các vi khuẩn gây hại khác.	Trickling Filter	A type of wastewater treatment system consisting of a fixed bed of rocks, lava, coke, gravel, slag, polyurethane foam, sphagnum peat moss, ceramic, or plastic media over which sewage or other wastewater is slowly trickled, causing a layer of microbial slime (biofilm) to grow, covering the bed of media, and removing nutrients and harmful bacteria in the process.
Thời đại, niên kỉ	Diễn tả một khoảng thời gian dài, thông thường hàng triệu năm.	Eon	A very long time period, typically measured in millions of years.
Thù hình	Hiện tượng một nguyên tố tồn tại ở một số dạng đơn chất khác nhau trong cùng pha trạng thái (nghĩa là cùng rắn, lỏng hay khí).	Allotrope	A chemical element that can exist in two or more different forms, in the same physical state, but with different structural modifications.
Thực vật biểu sinh		Aerophyte	An Epiphyte
Thực vật hoại sinh	Loại cây, nấm, hoặc hệ vi sinh vật sống nhờ vào xác hoặc các vật liệu hữu cơ đang phân hủy.	Saprophyte	A plant, fungus, or microorganism that lives on dead or decaying organic matter.
Thực vật vĩ mô	Loại thực vật (đặc biệt là thực vật sống trong nước) đủ lớn để nhìn thấy bằng mắt thường.	Macrophyte	A plant, especially an aquatic plant, large enough to be seen by the naked eye.

Thuật Ngữ	Định Nghĩa	English	English
Thực vật vĩ mô sống dưới biển	Bao gồm hàng ngàn loại thực vật mọc ở vùng ven biển, chủ yếu là rong, cỏ biển, rừng ngập mặn.	Marine Macrophyte	Marine macrophytes comprise thousands of species of macrophytes, mostly macroalgae, seagrasses, and mangroves, that grow in shallow water areas in coastal zones.
Thung lũng hình tròn hoặc chỗ lõm tròn trên núi		Cwm	A small valley or cirque on a mountain.
Thuốc thử	Một chất hay hợp chất dùng để phân tích các phản ứng hóa học.	Reagent	A substance or mixture for use in chemical analysis or other reactions.
Thuộc về thủy điện	Tính từ dùng để mô tả hệ thống hoặc dụng cụ sử dụng thủy điện.	Hydroelectric	An adjective describing a system or device powered by hydroelectric power.
Thuộc về vi khuẩn kị khí	Liên quan đến vi khuẩn kị khí.	Anaerobic	Related to organisms that do not require free oxygen for respiration or life. These organisms typically utilize nitrogen, iron, or some other metals for metabolism and growth.
Thuộc về vi sinh vật đơn bào		Microbial	Involving, caused by, or being microbes
Thuộc về vùng đáy (biển, hồ)	Dùng để miêu tả trầm tích và vùng đất nằm dưới đáy của một vùng nước, nơi mà các sinh vật đáy sinh sống.	Benthic	An adjective describing sediments and soils beneath a water body where various "benthic" organisms live.
Thủy điện	Năng lượng điện được tạo ra bởi thế năng của dòng nước.	Hydroelectricity	Hydroelectricity is electricity generated through the use of the gravitational force of falling or flowing water.

Thuật Ngữ	Định Nghĩa	English	English
Thủy học	Ngành khoa học nghiên cứu sự vận chuyển, phân phối, và chất lượng nước.	Hydrology	Hydrology is the scientific study of the movement, distribution, and quality of water.
Thủy lực cắt phá	Kỹ thuật khai thác mỏ bằng cách dùng áp suất chất lỏng để làm nứt các tầng đá trong lòng đất.	Fracking	Hydraulic fracturing is a well-stimulation technique in which rock is fractured by a pressurized liquid.
Thủy lực học	Ngành học bên khoa học ứng dụng và kĩ thuật nghiên cứu về tính chất cơ của chất lỏng.	Hydraulics	Hydraulics is a topic in applied science and engineering dealing with the mechanical properties of liquids or fluids.
Thủy triều	Ảnh hưởng bởi sự dâng lên và hạ xuống của nước biển.	Tidal	Influenced by the action of ocean tides rising or falling.
Ti lệ	Mối quan hệ toán học giữa hai số.	Ratio	A mathematical relationship between two numbers indicating how many times the first number contains the second.
Ti suất thu nhập nội bộ	Hệ số dùng để đánh giá các phương án, lợi nhuận của các dự án đầu tư mà không có liên quan đến các yếu tố bên ngoài. Ti suất thu nhập được tính bằng cách sử dụng 1 ti lệ chiết khấu, nó không tính đến sự thay đổi của ti lệ chiết khấu.	Internal Rate of Return	A method of calculating rate of return that does not incorporate external factors; the interest rate resulting from a transaction is calculated from the terms of the transaction, rather than the results of the transaction being calculated from a specified interest rate.
Tia cực tím		UV	Ultraviolet Light
Tiến và thoái	Sự tăng và giảm theo chu kì, tương tự như của thủy triều (biển tiến, biển thoái).	Ebb and Flow	To decrease then increase in a cyclic pattern, such as tides.

Thuật Ngữ	Định Nghĩa	English	English
Tính dẫn thủy lực	Tính chất của đất và đá, mô tả sự lưu chuyển của nước qua các lỗ hổng hoặc vết nứt trong đất và đá. Tính dẫn thủy lực phụ thuộc vào tính thấm của lớp địa chất, độ ướt, và độ đặc cũng như tính dính ướt của chất lỏng.	Hydraulic Conductivity	Hydraulic conductivity is a property of soils and rocks, which describes the ease with which a fluid (usually water) can move through pore spaces or fractures. It depends on the intrinsic permeability of the material, the degree of saturation, and on the density and viscosity of the fluid.
Tính hợp phức	Phép tính lượng tương đối của chất tham gia và sản phẩm trong một phản ứng hóa học.	Stoichiometry	The calculation of relative quantities of reactants and products in chemical reactions.
Tinh thể ban	Các tinh thể có kích thước lớn hơn trong loại đá ban tinh.	Phenocryst	The larger crystals in a porphyritic rock.
Tình trạng lưỡng tính (hóa học)	Phân tử có tính chất hóa học vừa cả của axit và bazơ.	Amphoterism	When a molecule or ion can react both as an acid and as a base.
Tổng hợp	Tạo nên một cái gì đó bằng việc kết hợp các vật khác nhau lại, hoặc tạo nên một chất mới bằng cách cho các chất đơn giản hơn phản ứng hóa học với nhau.	Synthesize	To create something by combining different things together or to create something by combining simpler substances through a chemical process.
Tổng lượng cacbon hữu cơ	Đo lường lượng chất ô nhiễm hữu cơ có trong nước.	TOC	Total Organic Carbon; a measure of the organic content of contaminants in water.
Trọng lượng riêng	Trọng lượng riêng của một vật được tính bằng trọng lượng chia cho thể tích.	Specific Weight	The weight per unit volume of a material or substance.
Trọng lượng riêng		Unit Weight	See: Specific Weight

Thuật Ngữ	Định Nghĩa	English	English
Turbine gió với trục xoay nằm ngang		HAWT	Horizontal Axis Wind Turbine
Turbine gió với trục xoay nằm ngang	Đây là loại turbine gió thường gặp nhất với trục xoay nằm song song với mặt đất.	Horizontal Axis Wind Turbine	Horizontal axis means the rotating axis of the wind turbine is horizontal, or parallel with the ground. This is the most common type of wind turbine used in wind farms.
Tỷ số lợi tức	Lợi nhuận thu được từ một cuộc đầu tư, thông thường bao gồm sự biến đổi về giá trị, lãi suất, lãi cổ phần hoặc các nguồn tiền khác mà người đầu tư nhận được.	Rate of Return	A profit on an investment, generally comprised of any change in value, including interest, dividends or other cash flows which the investor receives from the investment.
Tỷ trọng	Tỷ lệ giữa khối lượng riêng của một chất so với chất tham chiếu.	Specific Gravity	The ratio of the density of a substance to the density of a reference substance; or the ratio of the mass per unit volume of a substance to the mass per unit volume of a reference substance.
Ụ đá (nhân tạo)	Ụ đá hình tháp nhân tạo thường dùng để đánh dấu đường đi.	Cairn	A human-made pile (or stack) of stones typically used as trail markers in many parts of the world, in uplands, on moorland, on mountaintops, near waterways and on sea cliffs, as well as in barren deserts and tundra.
Ưa khí	Thuộc vào, liên quan đến sự cần khí Ô-xi.	Aerobic	Relating to, involving, or requiring free oxygen.

Thuật Ngữ	Định Nghĩa	English	English
Vena Contracta	Một điểm của dòng chất lỏng mà ở đó đường kính của dòng chảy hay mặt cắt dòng chảy là nhỏ nhất, và vận tốc của dòng chảy là lớn nhất, như là miệng thoát của vòi phun nước.	Vena Contracta	The point in a fluid stream where the diameter of the stream, or the stream cross-section, is the least, and fluid velocity is at its maximum, such as with a stream of fluid exiting a nozzle or other orifice opening.
Vi khuẩn	Nhóm sinh vật đơn bào có thành tế bào, nhân đơn giản, và thiếu đi các cơ quan tế bào - bao gồm các vi khuẩn có thể gây bệnh.	Bacterium(a)	A unicellular micro-organism that has cell walls, but lacks organelles and an organized nucleus, including some that can cause disease.
Vi khuẩn dạng Coli	Một dạng chỉ số dùng để xác định sự hiện diện hay mất đi của các sinh vật gây bệnh trong nước.	Coliform	A type of Indicator Organism used to determine the presence or absence of pathogenic organisms in water.
Vi khuẩn gây hại	Trong sinh học, vi sinh vật gây bệnh. Trong nông nghiệp, nó mang nghĩa là mầm của hạt giống.	Germ	In biology, a microorganism, especially one that causes disease. In agriculture, the term relates to the seed of specific plants.
Vi Khuẩn kị khí	Một loại vi sinh vật không cần khí Ô-xi để sinh sản, nhưng có thể dùng khí Ni-tơ, hợp chất lưu huỳnh, và các hợp chất khác để thay thế.	Anaerobe	A type of organism that does not require Oxygen to propagate, but can use nitrogen, sulfates, and other compounds for that purpose.
Vi khuẩn ưa khí	Một loại vi sinh vật cần khí Ô-xi để sinh sản.	Aerobe	A type of organism that requires Oxygen to propagate.
Vi sinh vật	Bao gồm các cơ thể sống vi sinh, đơn bào lẫn đa bào.	Microorganism	A microscopic living organism, which may be single celled or multicellular.

Thuật Ngữ	Định Nghĩa	English	English
Vi sinh vật đơn bào		Microbe	Microscopic single-cell organisms
Vi-rút	Các loại siêu vi trùng thường là tác nhân truyền nhiễm bệnh, cấu tạo bởi một dải đơn hoặc kép vật chất di truyền RNA hoặc DNA được bọc bởi lớp vỏ protein. Vi-rút không thể nhân đôi nếu không có tế bào chủ, thông thường vi-rút không được xem như là một hệ sinh vật.	Virus	Any of submicroscopic agents that infect living organisms, often causing disease, and that consist of a single or double strand of RNA or DNA surrounded by a protein coat. Unable to replicate without a host cell, viruses are often not considered to be living organisms.
Vỏ kén (nhộng)	Vỏ bọc cứng bên ngoài sâu bướm nhằm bảo vệ sự phát triển của ấu trùng bên trong.	Chrysalis	The chrysalis is a hard casing surrounding the pupa as insects such as butterflies develop.
Vòng tuần hoàn nước	Vòng tuần hoàn nước biểu diễn sự vận chuyển của nước trên Trái đất (bao gồm nước trên bề mặt và nước ngầm).	Hydrologic Cycle	The hydrological cycle describes the continuous movement of water on, above and below the surface of the Earth.
Vòng tuần hoàn nước	Biểu diễn sự dịch chuyển tiếp diễn của nước trên, trong, và dưới mặt đất.	Water Cycle	The water cycle describes the continuous movement of water on, above and below the surface of the Earth.
Vùng đầm lầy	Vùng địa lý trũng thấp, thường bị ngập úng và bị chi phối bởi các thực vật thân gỗ.	Swamp	An area of low-lying land; frequently flooded, and especially one dominated by woody plants.
Vùng đầm lầy (cỏ)	Điểm đặc trưng của loại đầm lầy này là các loại thực vật sinh sống chủ yếu ở đây thuộc loại thân cỏ; thường được tìm thấy ở ven rìa các hồ, suối,	Marsh	A wetland dominated by herbaceous, rather than woody, plant species; often found at the edges of lakes and streams, where they form a transition

Thuật Ngữ	Định Nghĩa	English	English
	nơi mà các hệ sinh thái thủy sinh và trên cạn gặp nhau. Các loại cỏ, rong phát triển rất nhiều ở đây.		between the aquatic and terrestrial ecosystems. They are often dominated by grasses, rushes or reeds. Woody plants present tend to be low-growing shrubs. This vegetation is what differentiates marshes from other types of wetland such as Swamps, and Mires.
Vùng đất hình thành do tác động của băng hà		Fluvioglacial Landforms	Landforms molded by glacial meltwater, such as drumlins and eskers.
Vùng đỉnh của tầng đối lưu	Ranh giới giữa tầng đối lưu và tầng bình lưu.	Tropopause	The boundary in the atmosphere between the troposphere and the stratosphere.
Vũng lầy	Vùng đất hình vòm (thông thường cao hơn cảnh quan xung quanh và mưa là nguồn cung cấp nước chính.	Bog	A bog is a domed-shaped land form, higher than the surrounding landscape, and obtaining most of its water from rainfall.
Vũng sình lầy	Vùng trũng thấp mà một phần hoặc toàn phần bị chìm trong nước và vùng đất nơi đây thường chứa nhiều than bùn. Vũng sình lầy thường nằm trên trũng dốc, phẳng và nhận nguồn nước từ nước mưa và nước bề mặt.	Fen	A low-lying land area that is wholly or partly covered with water and usually exhibits peaty alkaline soils. A fen is located on a slope, flat, or depression and gets its water from both rainfall and surface water.

BIBLIOGRAPHY

Bộ Xây Dựng - CHXHCN Việt Nam. May 22, 2011. *Quy Chuẩn - Tiêu Chuẩn Xây Dựng.* Retrieved from Chất lượng nước - Thuật Ngữ: http://tcxdvn.xaydung. gov.vn/index.aspx?site=10&page=86-tieu-chuan&news=170

Das, G. 2016. *Hydraulic Engineering Fundamental Concepts.* New York: Momentum Press, LLC.

Das, G. 2017. *Hydrology and Storm Sewer Design.* New York: Momentum Press, LLC.

Freetranslation.com. August 2016. Retrieved from www.freetranslation.com

Hopcroft, F. 2015. *Wastewater Treatment Concepts and Practices.* New York: Momentum Press, LLC.

Hopcroft, F. 2016. *Engineering Economics for Environmental Engineers.* New York: Momentum Press, LLC.

Kahl, A. 2016. *Introduction to Environmental Engineering.* New York: Momentum Press, LLC.

Pickles, C. 2016. *Environmental Site Investigation.* New York: Momentum Press, LLC.

Plourde, J.A. 2014. *Small-Scale Wind Power Design, Analysis, and Environmental Impacts.* New York: Momentum Press, LLC.

Sengupta, S. 2017. *Water Treatment Theory and Practice.* New York: Momentum Press, LLC.

Sirokman, G. and A. Casparian. 2016. *Applied Chemistry for Environmental Engineering.* New York: Momentum Press, LLC.

Sirokman, G. and A. Casparian. 2016. *Chemistry for Environmental Engineering.* New York: Momentum Press, LLC.

The McGraw-Hill Companies, Inc. 2003. *McGraw-Hill Dictionary of Scientific & Technical Terms, 6E.* New York: The McGraw-Hill Companies, Inc.

Verbyla, M. 2017. *Ponds, Lagoons, and Wetlands for Wastewater Treatment.* New York: Momentum Press, LLC.

Webster's New Twentieth Century Dictionary, Unabridged, 2nd Ed. 1979. William Collins Publishers, Inc.

Wikipedia. March 2016. Wikipedia.org. Retrieved from www.wikipedia.org/

OTHER TITLES IN OUR ENVIRONMENTAL ENGINEERING COLLECTION

Francis J. Hopcroft, Wentworth Institute of Technology, Editor

Engineering Economics for Environmental Engineers
by Francis J. Hopcroft

Ponds, Lagoons, and Wetlands for Wastewater Management
by Matthew E. Verbyla

*Environmental Engineering Dictionary of Technical Terms and Phrases:
English to Farsi and Farsi to English*
by Francis J. Hopcroft and Nima Faraji

*Environmental Engineering Dictionary of Technical Terms and Phrases:
English to Turkish and Turkish to English*
by Francis J. Hopcroft and A. Ugur Akinci

*Environmental Engineering Dictionary of Technical Terms and Phrases:
English to Russian and Russian to English*
by Francis J. Hopcroft and Sergey Bobrov

Momentum Press is one of the leading book publishers in the field of engineering, mathematics, health, and applied sciences. Momentum Press offers over 30 collections, including Aerospace, Biomedical, Civil, Environmental, Nanomaterials, Geotechnical, and many others.

Momentum Press is actively seeking collection editors as well as authors. For more information about becoming an MP author or collection editor, please visit http://www.momentumpress.net/contact

Announcing Digital Content Crafted by Librarians

Momentum Press offers digital content as authoritative treatments of advanced engineering topics by leaders in their field. Hosted on ebrary, MP provides practitioners, researchers, faculty, and students in engineering, science, and industry with innovative electronic content in sensors and controls engineering, advanced energy engineering, manufacturing, and materials science.

Momentum Press offers library-friendly terms:

- perpetual access for a one-time fee
- no subscriptions or access fees required
- unlimited concurrent usage permitted
- downloadable PDFs provided
- free MARC records included
- free trials

The **Momentum Press** digital library is very affordable, with no obligation to buy in future years.

For more information, please visit **www.momentumpress.net/library** or to set up a trial in the US, please contact **mpsales@globalepress.com**.

CPSIA information can be obtained
at www.ICGtesting.com
Printed in the USA
FFOW02n0746101117
43454953-42120FF